図解

面白いほど科学的な物の見方が身につく

ロウソクの科学

監修
サイエンスアーティスト
市岡元気

宝島社

まえがき

今から約160年前、イギリスの王立研究所でファラデーという科学者により、子どもたちを集めて「クリスマス・レクチャー」(日本で言うサイエンスショー)が行われました。

ファラデーは、今ならいくつものノーベル賞を受賞してもおかしくないくらい多くの素晴らしい発明をした科学者です。

原作『ロウソクの科学』は、そのサイエンスショーの記録です。

もしかしたら、この本を読んで科学が好きになった子どもたちの中から、未来のノーベル賞受賞者が生まれるかもしれません。そんなことを祈って、原作の『ロウソクの科学』をよりわかりやすく、面白く伝えていきたいと思います。

紹介が遅くなりましたが、私はサイエンスアーティストとして活動している市岡元気と申します。私のことを知らない方のために、簡単に自己紹介をします。

私は東京学芸大学という多くの卒業生が教師になる大学を卒業後、13年間米村でんじろう先生の弟子として数千種類の科学実験を学び、2019年9月に独立して「M2C Science株式会社」を立ち上げました。YouTubeやテレビを中心に面白い実験を披露し、科学を楽しくわかりやすく伝えて、科学に興味を持っていただけるような活動をしています。

科学を好きになってくれる方が増えれば、日本の科学技術がより発展し、より日本が元気になると思うのです。昔から、多くの人々に注目を浴びた技術は発展し、興味を持たれなかった分野は衰退していきます。「多くの方が科学に注目し、そこから科学の発展につなげたい」という思いで、日々活動しています。

そして、私には2つの目標があります。

1つ目は、世界で一番の科学実験チャンネルをつくり上げ、日本の科学技術を世界へ発信していくことです。この13年間、ありとあらゆる実験をしてきたので、この世界に私ができない実験はないですし、新しい実験をたくさん開発して、世界一のYouTubeの実験チャンネルになることを目指しています。

2つ目の目標は、「科学の遊園地型テーマパーク」をつくることです。夢を与えてくれる遊園地に学べる要素を加えれば、最高の場所ができるのではないかと思っています。

いつの日か「科学の遊園地型テーマパーク」をつくって、来てくれた方たちに、これだけは覚えて帰っていただきたいと考えています。

〜科学は、人の夢を叶える魔法です〜

人間だけに与えられた、他の人のためになる魔法なので、遊んで帰って、興味を持ったら勉強してほしい。いつか、そんな場所をつくることが目標です。

そんな中、この『図解 ロウソクの科学』監修のお話をいただき、とても光栄でした。なぜなら、ノーベル化学賞を受賞した吉野彰氏と同様に、私もこの『ロウソクの科学』の原作本を読み、科学実験が好きになった理系のひとりであるからです。

この本を読むと、たったひとつのロウソクの中に、たくさんの科学が詰まっていることがわかります。

身近なものもよく観察すると、その中にたくさんの発見ができることを感じられると思います。

科学は楽しいものです。そして、ノーベル化学賞を受賞した吉野氏が発明したリチウムイオン電池のように、人の役に立つものです。

すでに科学が好きな方も、まだ苦手な方も、この本を読めば、より科学を好きになることでしょう。

この本を読んで実際に科学に興味を持ったら、さまざまな実験をしてみて、自分で科学的に考える力をつけていきましょう。そして、人の役に立つような発明をしていただけたら、とても素晴らしいと思っています。

市岡元気

目次

面白いほど科学的な物の見方が身につく 図解 ロウソクの科学

第1章

ロウソクの火はどこから来ているのか？

人物

ノーベル賞があれば6回は受賞した!?『ロウソクの科学』著者マイケル・ファラデーとは?

「最も影響を及ぼした科学者」として歴史に名を残す

『ロウソクの科学』の著者マイケル・ファラデーは、19世紀に活躍したイギリス人科学者です。1791年に鍛冶(かじ)職人の子として生まれ、製本職人の弟子として働きながら、たくさんの本を読んできました。

なかでも彼が興味を持ったのが電気関係の本で、百科事典に書かれた実験を自分でも行い始めます。こうして科学の世界のとりこになったファラデーは、21歳のときにイギリス王立研究所でハンフリー・デービーの公開講演を聞いたのをきっかけに彼の助手となり、科学者人生がスタートしました。

やがて教授となったファラデーは、**「電磁回転の装置の作成」「電気分解の法則」「ファラデー効果の発見」「半導体的性質の発見」「反磁性の発見」**など、さまざまな科学分野で業績を積み重ねていきます。小学校中退という教育しか受けていないにもかかわらず、その絶え間ない努力と情熱で、「科学史上、最も影響を及ぼした科学者のひとり」と呼ばれるまでになったのです。**ファラデーの存命中はノーベル賞がありませんでしたが、もしあったら、彼は少なくとも6回は受賞したともいわれています。**

マイケル・ファラデーの生涯

西暦年	出来事
1791	イギリスの貧しい鍛冶職人の第３子として生まれる。
1805	製本工の見習いとなる。
1812	イギリス王立研究所でハンフリー・デービーの講演を聴講。
1813	王立研究所の実験助手に採用される。
1821	サラ・バーナードと結婚。
1823	塩素の液化に成功。
1825	イギリス王立研究所の研究所長に任命される。ベンゼンを発見。金曜講座を開始（1862年まで開催）。
1827	最初のクリスマス・レクチャー（1860年まで開催）。
1833	王立研究所化学教授に就任。
1834	電気分解に関する法則を発表。
1845	ファラデー効果の発見。反磁性を発見。
1846	光の振動に関する考察の論文を発表。
1850	電気と重力に関する論文を発表。
1851	ロンドン万国博覧会の計画立案と評価に参加。
1861	『ロウソクの科学』を刊行。
1865	王立研究所辞職。
1867	75歳で死去。

歴史

諸科学の基礎が確立される ファラデーが活躍した19世紀は科学がめざましく成長した時代

産業革命やフランス革命が科学の発展の土壌となる

ファラデーが生きた**19世紀は、科学が質的にも量的にも飛躍した時代**でした。それぞれの分野で基礎が確立され、また、科学と技術の融合が本格化した時期でもあります。こうした流れが20世紀に受け継がれ、さらなる発展を遂げることになります。**物理学ではエネルギー保存の法則、化学では有機化学の基礎の確立、そして生物学ではダーウィンが進化論を説き、宗教や人文科学の世界にまで影響を及ぼしています。**

このような急速な科学の進展の背景には、18世紀半ばから始まった産業革命の影響があります。例えば、熱機関の本格使用が始まったことで熱学の研究が盛んになり、工業の発達で鉱業・採掘業が活発化し、化石が発見されて地質学や古生物学の進歩につながっています。また、フランス革命によって多くの専門学校が設立され、そこから19世紀に活躍する科学者を輩出しています。

こうした流れに乗って、ファラデーもさまざまな業績を残しました。そして半導体的性質のように、ファラデーが生み出したものは、今も私たちの身のまわりに存在しているのです。

19世紀の科学の出来事

物理学

マイヤー（ドイツ）	エネルギー保存の法則を発見
ヘルムホルツ（ドイツ）	エネルギー保存の法則を体系化
ファラデー（イギリス）	電磁誘導の法則や電気分解の法則を発見
マックスウェル（イギリス）	ファラデーの研究を数学的に展開し、電磁理論を大成
レントゲン（ドイツ）	X線の発見
キュリー夫妻（フランス）	ラジウムの発見

化学・医学

ドルトン（イギリス）	原子量を算出
リービッヒ（ドイツ）	有機化学の基礎を確立
メンデレーエフ（ロシア）	元素周期表を作成
パストゥール（フランス）	狂犬病の予防接種に成功
コッホ（ドイツ）	結核菌やコレラを発見し、ツベルクリンを創製

生物学

メンデル（オーストリア）	遺伝の法則を発見
ダーウィン（イギリス）	『種の起源』を発行して進化論を説く

歴史

ファラデーの名著はこうして生まれた
科学に興味を持つきっかけになる『ロウソクの科学』の出版秘話

若手科学者のクルックスがファラデーの講演を記録

充電し、何度でも繰り返し使えるリチウムイオン電池を開発し、2019年にノーベル化学賞を受賞した吉野彰氏が科学の世界に興味を持つきっかけになったのが、小学校の先生が読むように薦めたという『ロウソクの科学』（原書名：The Chemical History of a Candle）です。当時、吉野氏はまだ小学4年生でしたが、「なぜロウソクは燃えるのか」という科学の原理に惹かれ、何度も読みふけったそうです。

他にも、2016年にノーベル生理学・医学賞を受賞した大隅良典（おおすみよしのり）氏など、多くの科学者が『ロウソクの科学』を読み、科学の世界の扉を開いていきました。今でも理系の人たちにとってはバイブルになっており、多くの人に読み継がれています。

そんな『ロウソクの科学』が出版されたのは1861年のこと。ファラデーが青少年のためにロンドンの王立研究所で行った、連続6回のクリスマス・レクチャーをまとめたものです。そのため、本文中には「電気をつけましょう」「お話をしましょう」など、子どもたちに語りかける描写も随所に出てきます。

この講演を記録したウィリアム・クルックスもまた科学者で、真空中で電子線が見られる「クルックス管」を発明した人物でもあります。また、『ロウソクの科学』が出版された1861年にはタリウムを発見しています。当時、クルックスは20代後半の若手科学者でしたが、すでに科学界で名声を高めていたファラデーの講演に比類なき感動を覚え、その様子が、彼が記した『ロウソクの科学』の序文からもうかがい知ることができます。

「この連続講演を理解した子どもたちは、火についてはアリストテレスよりもよく知っていることになります」

「この本の読者の中からも、人類の知識を豊かにすることに身を捧げる人が出てくるはずです。だからこそ、科学の炎は燃え続けなければならないのです。〝炎よ、行け〟(Alere flammam.)」

現代の科学は著しく進歩していますが、『ロウソクの科学』で扱ってきたような科学の根底にある基礎部分は、今も昔もさほど変わってはいません。だからこそ、今なお世界各国で読まれ、科学の世界に入るうえでの「入門書」としての役割を果たし続けているのです。

歴史

長きにわたって人々を照らしたロウソクの歴史

日常に欠かせないものから装飾用へ

ファラデーも魅了した日本由来の和ロウソク

ロウソクの歴史は古く、古代エジプト時代から使われていたといわれています。古代ローマの博物学者プリニウスは、紀元前300年のエジプトでロウソクを使っていたことを、著書『博物誌』の中で述べています。

ロウソクはヨーロッパでも照明として広く普及し、おもに富裕層の間で使用されました。中世のパリでは真夜中の殺人や盗みが日常茶飯事で、国王が治安対策として窓辺にロウソクを置くことを命じたことがありました。しかし、ロウソクは数時間しか点灯しなかったので、効果は限定的だったようです。その後、19世紀前半に入るとロウソクの工業生産が始まり、1時間で1500個の生産が可能になります。これによって、ロウソクが容易に入手できるようになりました。

ロウソクは長きにわたって人々の生活に欠かせないものでしたが、19世紀に入るとガス灯や石油ランプなどが本格普及し、さらにトーマス・エジソンが白熱電球を本格的に商用化したことで、火災の危険性が高いロウソクは照明としての役割を失っていきます。しかし、完全に姿を消すことはなく、その後は装飾品として使われるよ

洋ロウソクと和ロウソクの違い

洋ロウソク

- 原料は石油から取り出されるパラフィン
- 芯は綿糸
- 炎は小さくて消えやすい
- 機械で大量生産が可能

和ロウソク

- 原料はハゼの実など
- 芯は和紙など
- 炎は大きく揺らぎ、芯が太いので消えにくい
- 一本一本手作業で生産量も限定される

うになります。香りがついたもの、色や形がユニークなものなど、バラエティ豊かなロウソクが作られています。

日本でも、昭和の頃までは日常的に使っていましたが、現在は神事や仏事でしか見ないという人が多いです。一方で、一本一本を手作業で作る和ロウソクは海外からも注目が高く、人気のお土産品にもなっています。和ロウソクの原料はウルシ科のハゼの実で、和紙などを灯芯に用いています。芯の状態によって炎の揺らぎが異なるので、その変化を楽しむ人も多いです。

『ロウソクの科学』の著者であるファラデーも、講演最終日にある婦人から贈ってもらった2本の和ロウソクを手にしながら、次のように述べています。

「日本のロウソクは、フランスのロウソクよりもはるかに立派に飾り立てられており、とても豪華です。しかも、芯に穴が開いているので中心部にも空気が通り、完全燃焼しやすくなっています」

当時は日本に西洋文明が本格的に上陸し、近代化の波が押し寄せた時代でした。しかし和ロウソクは、西洋人を確かに魅了していたのです。

実験についての注意

- 火や熱を発する素材を扱うときは、火事ややけどをしないよう気をつけてください。周囲に燃えやすいものを置かず、いつでも消火できる準備（水を入れたバケツ、湿られた布など）をしておき、火元からは目を離さないようにしましょう。
- 実験器具にゴミやホコリ、水分がついていると異常燃焼が発生するおそれがあるので気をつけてください。
- 粉やホコリが舞っている場所、揮発性の可燃物がある場所での火気使用は控えてください。
- 実験は子どもだけで行わず、必ず大人の人に見てもらいながら行いましょう。
- 生石灰など刺激が強い物質を扱うときは、目や手に直接つかないように気をつけてください。
- 実験器具や道具を扱うときは、ケガをしないよう気をつけましょう。

本誌に掲載されている情報を利用した結果について、監修者・編集部は一切の責任を負いません。

第1章 ロウソクの火はどこから来ているのか？

分析

誰でも作ることができた！ ロウソクは何からできているのか？

自然科学を勉強するうえで最高の教材だったロウソク

王立研究所で行われた連続講演において、ファラデーはなぜロウソクをテーマに選んだのか？『ロウソクの科学』の冒頭では、次のように述べています。

「ロウソクが燃える現象には、この宇宙を支配する諸法則がすべて関わっています。**自然科学を勉強するにおいて、ロウソク以上に良い教材はありません**。ですから、ロウソクについては以前も講演でお話ししたことがありますが、別の目新しいものを選んだところで、ロウソクをしのぐことはないと思います」

そうした前置きを経て、ファラデーはまずロウソクが何から作られているのかを説明します。現在のロウソクはパラフィンという、石油から取り出された物質で、クレヨンの材料にもなっています。パラフィンからロウソクが作られるようになったのは石油化学工業が発達した19世紀後半以降で、ファラデーの時代には、**牛脂（ぎゅうし）や鯨油（げいゆ）、蜜蝋（みつろう）（ミツバチの巣の材料である蝋を精製したもの）などが原料として用いられていました**。そして、ファラデーは牛脂で作った「ディップ式」のロウソクの作り方について説明します。

牛脂からステアリン酸を取り出す

ステアリン酸：
$CH_3(CH_2)_{16}COOH$

ロウソクの原料のひとつだった牛脂には、さまざまな脂肪酸が含まれていました。その中で、フランスの科学者ゲイ・リュサックは牛脂からステアリン酸を取り出す方法を開発し、ファラデーの時代にはステアリンロウソクが一般的でした。ステアリンはベタベタせず、垂れたロウが固まるので、きれいに削り落とすことができました。

ディップ式とは、熱して溶かしたロウソクの原料（牛脂など）の中に糸を浸し、しばらくしたら取り出して冷まし、また浸し……という工程を繰り返して、徐々に太くしてロウソクを作る方法です。簡単に作れるので、昔の坑夫もディップ式でロウソクを自作していたそうです。

牛脂は文字どおり牛から取れる脂で、1ポンド（約454g）の牛脂から20～60本のロウソクを作っていました。ただし、牛脂製はベタベタして燃えかすも残るので、ファラデーの時代には煤（すす）が少ないステアリン製のロウソクが用いられるようになりました。

鯨油は、マッコウクジラから鯨蝋が取れることが判明してからロウソクの原料になりました。牛脂や蜜蝋製よりも夏の暑さで曲がりにくく、蜜蝋よりも臭いが少ないなどメリットが多かったことから、鯨油がロウソクの原料の主流となり、捕鯨も盛んになりました。

まとめ

ファラデーの時代は牛脂や鯨油、蜜蝋などからロウソクが作られ、現在はパラフィンが主流に。

分析

ロウソクのてっぺんはどうしてくぼんでいるのか？

くぼみがあるロウソクは燃え方も美しい

空気の流れが均一でないとロウソクの燃え方が悪くなる

ロウソクに火をつけてしばらく経つと、ロウのてっぺんにカップやお椀のような美しいくぼみができますが、これは上に向かう空気の流れが関係しています。

ロウソクが燃えると熱が発生し、空気が温まります。温度が高い空気は低い空気よりも軽いので、自然と上に上がっていきます。そして、のぼった空気があったところには周りの空気が入ってきて、それがまた温められて上に向かいます。こうして、ロウソクの周りには空気の流れ（気流）が発生しますが、下から入り込んでくる空気はロウの外側を冷やします。そのため、中心部が溶けても外側は溶けず、自然とくぼみができ上がるのです。

しかし、風が吹く環境では、美しいくぼみをつくることはできません。炎が倒れて外側のロウも溶かし、液体のロウがこぼれていくからです。そうなると空気の入り方も均一ではなくなり、燃え方も悪くなります。つまり、**きれいなくぼみができるロウソクは、燃え方も美しいということがいえます**。ファラデーも、**「私たちにとって最も役に立つロウソクは、見栄えが一番良いものではなく、働き（燃え方）が一番良いもの」**と述べています。

ロウソクのくぼみ

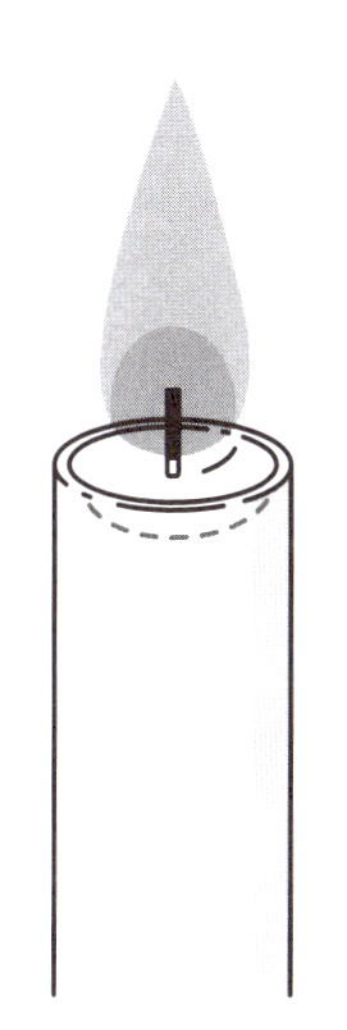

くぼみがあるロウソク

ロウソクが燃えて発生した熱で上昇気流が発生し、その空気の流れがロウの外側（縁）を冷やします。その結果、ロウソクの上面にくぼみができ、液体のロウがたまっていきます。

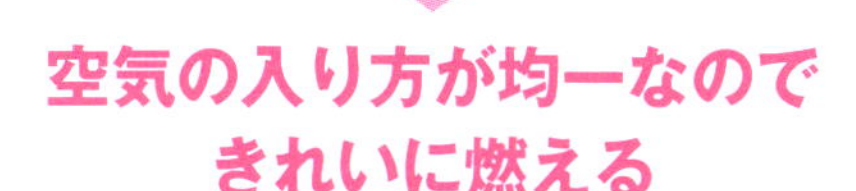

空気の入り方が均一なので きれいに燃える

風があたる場所にあるロウソク

燃えているロウソクに風を送ると、炎が倒れて外側（縁）を溶かします。そうなるとくぼみはできず、液体になったロウも欠けた縁の部分から流れ出ていきます。

空気の入り方が均一で なくなり燃え方が悪くなる

空気の上昇気流が ロウソクの燃え方にも影響を与える

分析

ロウは固体や液体のままでは燃えない
液体になったロウはどうやって燃えているのか？

毛細管現象によって液体のロウが芯をのぼる

物質には固体、液体、気体の3つの状態があり、ロウソクも燃えることで固体が溶けて液体になります。しかし、ロウソクの炎は固体や液体のロウの部分から離れた位置で燃えています。それでは、溶けた液体はどうやって芯をのぼり、燃焼の部分までたどり着くのか？ その答えとなるのが「**毛細管現象**」です。

毛細管現象とは、**細い管状物体（毛細管）の内側にある液体が管内をのぼっていく物理現象**のことで、例えば、コーヒーを入れたカップにティッシュペーパーを入れると、コーヒーが上にのぼっていきます。ちなみに、ファラデーは毛細管現象を説明するため、ティッシュではなく高く盛った塩に色つきの飽和食塩水を浸して、液体が重力に逆らってのぼっていく様子を見せています。

液体になったロウも、重力に逆らってロウソクの芯をのぼっていきます。しかし、**ロウは液体のままでは燃えません。十分に熱せられて気体になることで燃焼する**のです。ファラデーも、「ロウに気体の状態があることを知っていなければ、ロウソクが燃えるしくみは十分に理解できないでしょう」と説明しています。

ロウソクが燃えるしくみ

❶固体のロウが熱で溶けて液体になる

❷溶けた液体のロウが芯をのぼっていく

❸芯をのぼった液体のロウが蒸気になって燃える

物質の状態変化

（　）は水の場合

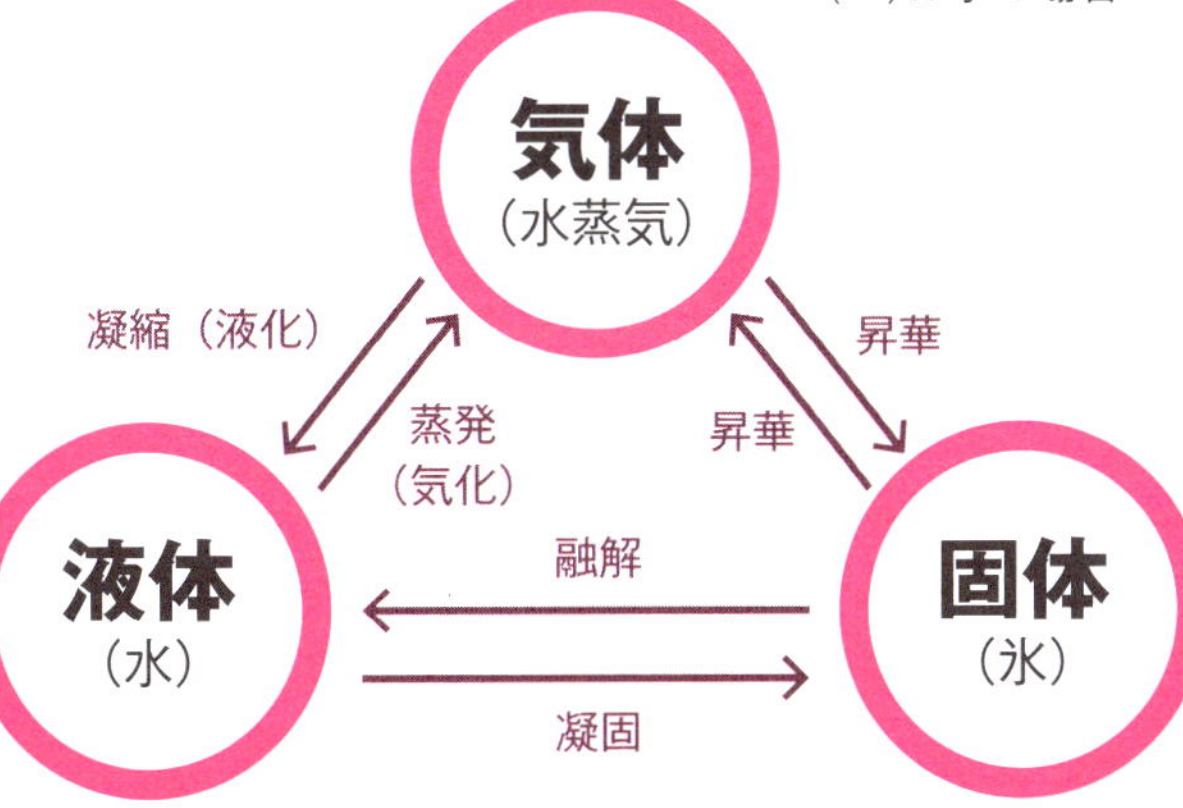

※気体から固体への変化を凝華と呼ぶ場合もある。

検証

なぜロウソクを逆さまにすると炎が消えてしまうのか？

ロウは蒸気になってから燃焼する

液体のロウが蒸気になると炎の「燃料」になる

ロウソクの炎というのはほとんどが上向きで、下を向いているものは滅多に見かけません。これは、ロウソクを逆さまにすると炎が消えてしまうからです。

燃えているロウソクをひっくり返すと、溶けて液体になったロウは芯の先に早くたどり着きます。しかし、そうなると**液体状のロウを熱して気化させ、「燃料」にする時間がなくなります。その結果、炎の部分が冷やされて消えてしまいます。**

逆にロウソクの上で炎が燃えているときは、液体になったロウは少しずつ芯を伝っていきます。すると、液体のロウが蒸気になり、燃え続けることができるのです。

また、蒸気になったロウが炎の燃料であることを示すため、ファラデーはある実験を行っています。**ロウソクの炎を上手に吹き消すと蒸気が出ますが、その中には気体になったロウが含まれています。そこへ別の小さなロウソクの炎を近づけると、蒸気を伝ってロウソクが再び燃え出しました。**ロウが燃焼するのは固体や液体の状態ではなく、蒸気の状態のときであることを示しています。

ロウは蒸気の状態で燃焼する

ロウソクの
上で炎が
燃えているとき

液体のロウが
少しずつ
芯を伝っていく

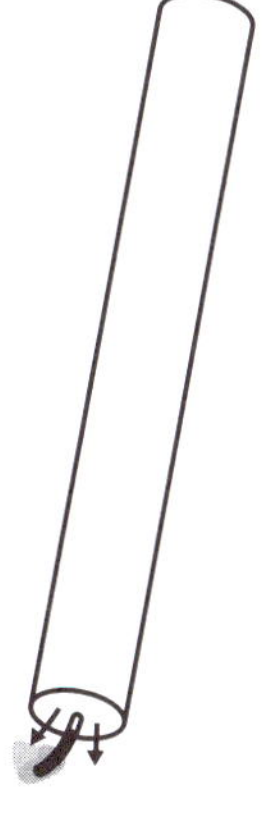

ロウソクを
逆さまに
したとき

液体のロウが
すぐ芯先に
たどり着き
芯を冷やして
消えてしまう

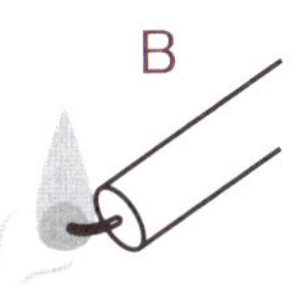

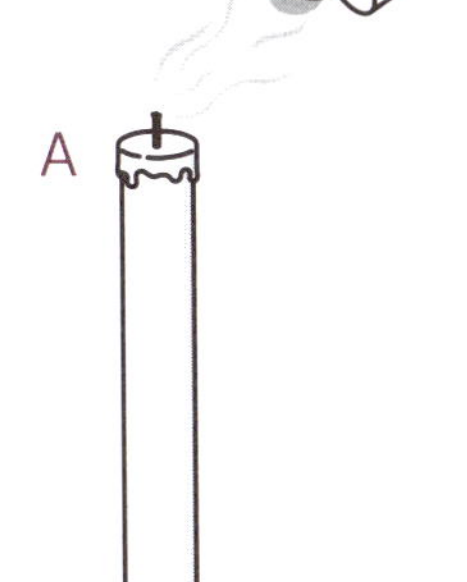

ロウソクからロウソクへ火がつながる

Ａのロウソクとガのロウソクを用意して火をつけます。Ａのロウソクの火を消してからＢのロウソクを近づけると、Ａのロウソクに再び火がつきます。ただし、モタモタしていると蒸気のロウが飛散してしまうので、手早く進めるのが大事です。

仮説

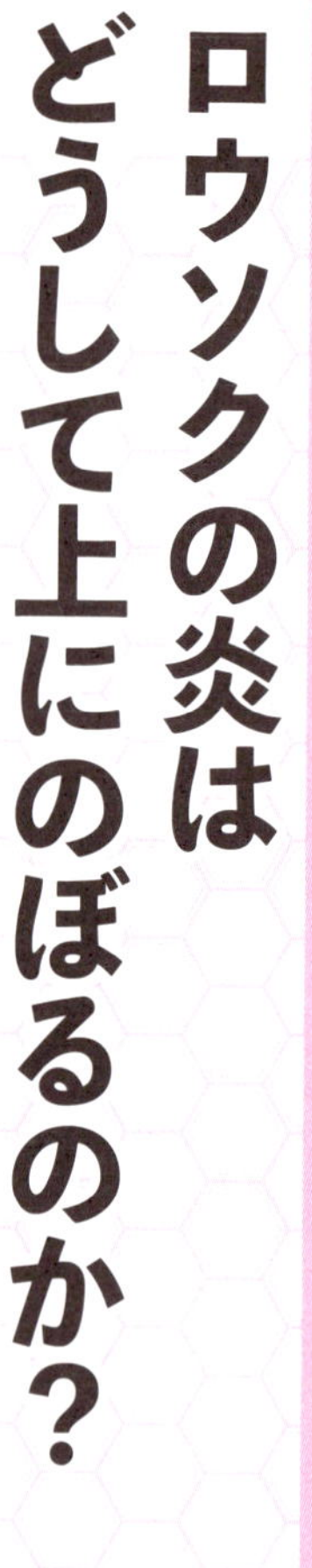

謎と神秘に満ちたロウソクの炎
ロウソクの炎はどうして上にのぼるのか？

ファラデーも魅了されたロウソクの炎の美しさ

ロウソクの炎の形について、ファラデーは次のように語っています。

「金や銀にはキラキラとした美しさがあり、ルビーやダイヤモンドは輝くような光を放っています。しかし、それらのいずれも、炎の輝かしさや美しさには及びません。ダイヤモンドは自分から光を放つことはできず、炎に照らしてもらって輝くことができます。しかし、ロウソクは自分から光を放ち、自らを照らし、ロウソクを作った人たちも照らします」

また、ファラデーはフーカーという人物が描いた炎の絵を見せながら、この絵が、**ロウソクの炎が空気の流れによって引き上げられている**のを示しているのだと説明しています。さらに、ファラデーは電灯とスクリーンを使ってロウソクの影を作り出しましたが、ここで不思議なのが、炎が最も明るい部分にも影ができているということです。これは、「**炎の明るく輝いている部分に、光をさえぎる何かがあるから**」と考えることができます。このように、出来事（現象）をよく観察し、仮説を立てることで、物事をより深く見ることができます。

ロウソクの炎の性質

ロウソクの炎の形の特徴

ロウソクの炎は上の方が明るく、芯に近づくにつれて暗くなります。これは、下の部分は燃焼が完全には行われていないことを示しています。

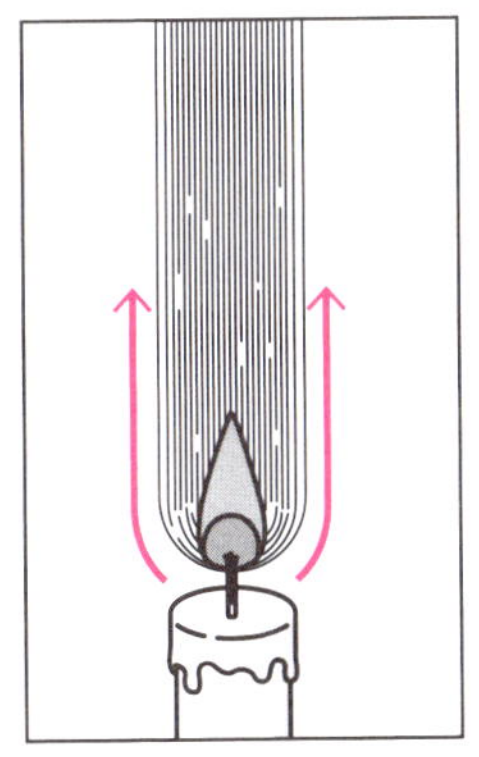

炎の周りを相当量の物質が上昇している

フーカーが描いた炎の絵の模写。点線で描かれた熱い空気の柱は、温められた空気が上にのぼっていく様子を示しています。

炎の明るい部分にも影ができる

炎の上部は明るく見えますが、スクリーンに映すと影ができます。これは、炎の明るく輝いている部分に「光をさえぎるもの」があるからです。

クレヨンでロウソクを作る

クレヨンはロウソクと同じパラフィンが原料なので、クレヨンを使ってロウソクを作ることができます。余ったクレヨンを活用して、オシャレなキャンドルを作ってみましょう。

用意するもの

ロウソク、鍋やボウル、クレヨン、キャンドル芯、容器、割り箸

初めての人は、紙コップのような使い捨てでクチが広い容器がオススメ。キャンドル芯は、台座つきだとロウを流すときに安定します。

手順

1 ロウソクとクレヨンを溶かす

鍋やボウルにロウソクを入れて湯せんし、溶けてきたら削ったクレヨンを投入します。そして、クレヨンの色が全体に広がるよう、ゆっくりと混ぜていきます。

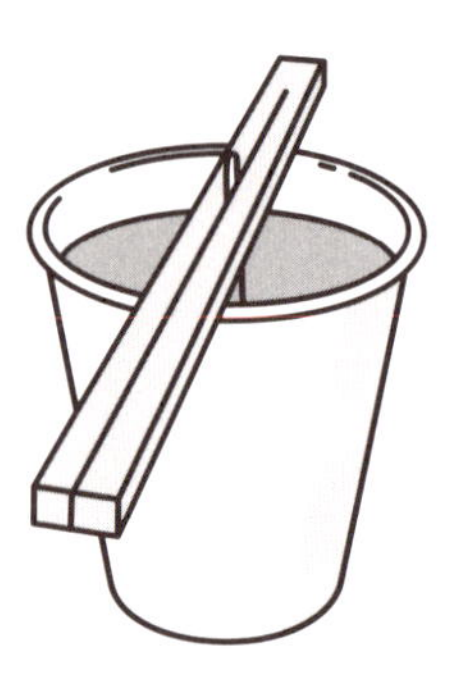

2 溶かしたものを容器に流し込む

よく溶けたところで、キャンドル芯を中心に置いた容器に流し込んでいきます。このとき、芯の先端は割り箸で挟んでおきましょう。

3 固まったら完成！

固まってきたら容器をハサミで解体（紙コップの場合）し、芯を短く切り取って完成になります。

※子どもは大人と一緒に行いましょう。

いろんな形のキャンドルを作る

容器やアレンジを変えることで、さまざまな形のキャンドルを作ることができます。バリエーションは無数にあるので、自分だけのオリジナルキャンドル作りにチャレンジしてみましょう。

その❶ グラデーションキャンドル

1. 鍋やボウルで溶かしたロウソクに、1色目のクレヨンを入れる
2. 溶かしたものを、芯を立てた紙コップに注ぐ
3. 固まってきたら2色目のクレヨンを入れる

液体が固まらないまま2色目を入れるとマーブルになってしまうので、固まってきたのを見計らって2色目を入れましょう。

その❷ エッグキャンドル

1. 卵のとんがった側の殻にピックで穴を開ける
2. 卵のふくらんだ側をピックでくり抜く
3. 卵の中身を取り出し、殻の中身を水で洗って乾かす
4. キャンドル芯を卵の2つの穴に通す
5. とんがった側を粘土やセロハンテープで、ロウが漏れないようしっかりとめる
6. ペットボトルのふたの上に卵を置き、溶かしたロウを流し込む
7. ロウが完全に固まったら、殻を破って完成

卵のとんがった側がキャンドルの上側、まるくふくらんだ側が下側になります。また、ロウを流し込むときは卵のふくらんだ側を上にしてください。

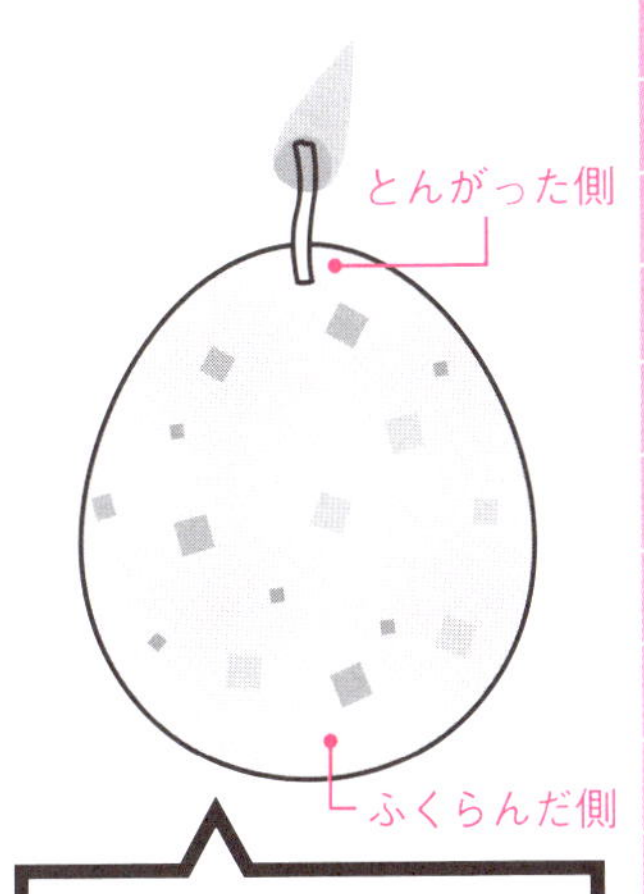

アロマオイルを加えると、アロマキャンドルにもなります。鍋やボウルに入れて溶かしたロウにアロマを数滴垂らして、よくかき混ぜてください。

毛細管現象を確認する

重力に逆らって液体がのぼる毛細管現象は、ファラデーの実験とほとんど同じ方法で確認することができます。

用意するもの

食塩、熱湯、食用色素、秤、計量カップ、縁がある皿

手順

1 飽和食塩水を作る

熱湯100mlに食塩40gを溶かし、食用色素＋飽和食塩水（もうこれ以上塩が溶けない水）を作ります。溶けきらなくて、少し食塩が残ってもOK。

2 皿の上に食塩を盛る

皿の上に、食塩をできるだけ高く盛ります。

3 2の皿に1を静かに注ぐ

少し時間を置いて冷ました①を、②の皿の縁から静かに注ぎます。すると、食用色素で色づいた飽和食塩水が、食塩の山をのぼっていく様子が見られます。

第2章 ロウソクの火は何でできているのか？

分析

燃えたロウはどこへ行ってしまうのか？

ガラス管を使ってロウの行き先を追う

蒸気になったロウは離れた場所でも燃焼する

第1章では、ロウソクの特徴や種類、液体のロウがどのような経路で燃焼している場所にたどり着くのかについて説明しました。第2章では、炎の各部分で何が起きているのか、なぜ起こるのか。そして、燃えたロウはどこへ行ってしまうのかを解説していきます。

燃えたロウの〝その後〟を見せるため、ファラデーは曲げたガラス管を用いて説明しています。

ロウソクの芯の近くにガラス管を差し込むと、管の反対側から白くて重い気体のようなものが吹き出てきます。これは蒸気になったロウで、フラスコに入れると、徐々に底へたまっていきます。これにより、**ロウソクの炎の中にはロウの蒸気がある**ことがわかりました。ちなみに、ロウソクを吹き消したときに独特のにおいが発生するのは、蒸気になったロウのせいです。

フラスコにたまった蒸気はあくまでロウなので、火を近づけると燃え出します。例えば、燃えているロウソクの炎に別のガラス管を差し込んでも、ロウソクから出てきた蒸気がガラス管を通して移動し、反対側の出口からも火が出てきます。

ロウはどこへ行った？

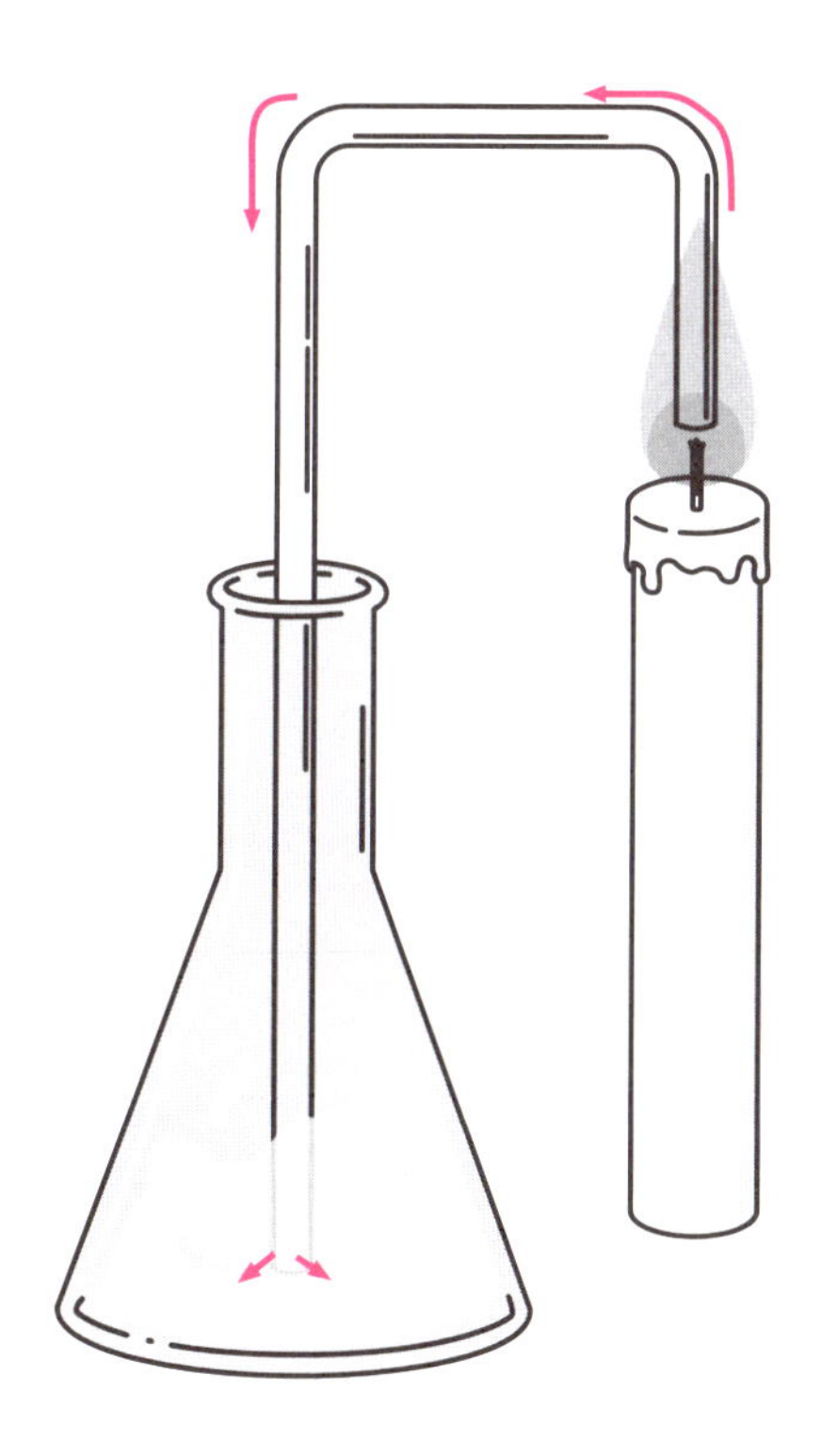

燃えているロウソクの芯の近くに差し込んだガラス管の反対側からは、蒸気になったロウが出てきます。白くて重いロウの蒸気は、やがてフラスコの底にたまっていきます。

ロウは蒸気になって その蒸気は燃える

ガラス管を通った蒸気は 別の場所でも燃える

炎の中心で作られた蒸気をガラス管で離れた場所に導いても、反対側の出口で火をつけると、ロウソクの炎そのものを作ることができます。

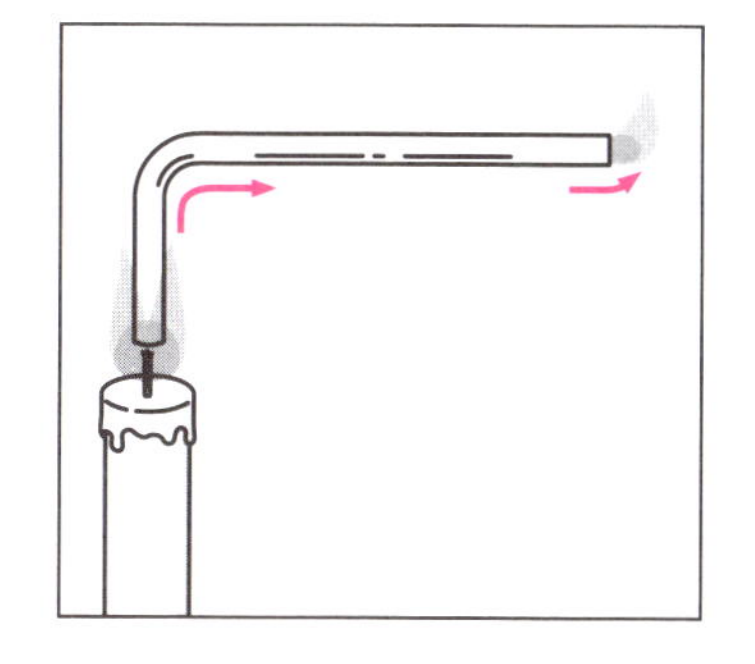

分析

ロウソクの炎の働きにはどのようなものがある？

ロウソクはどの部分が一番熱いのか？

ロウの蒸気は炎の外側からは出てこない

前のページの実験から、ファラデーは「ロウソクの炎には、2つの明らかに違った種類の働きがある」と述べています。

「ひとつは蒸気の生成、もうひとつは蒸気の燃焼です。この2つは、ロウソクの炎の決まった場所でそれぞれ起こっています」

ロウソクの炎の中心部にガラス管を差し込んだときは、蒸気になったロウを取り出すことが可能でした。ところが、炎の上の部分までガラス管を引き上げると、蒸気はもう出てきません。これについて、ファラデーは**「そこではすでに蒸気が燃えてしまっていて、出てくるのは可燃性の物質ではないからです」と説明しています。**

ロウの蒸気が出る場所は炎の中心部に限られており、一方、炎の外側にはロウソクの燃焼に必要な空気がありますが、蒸気と空気の間で激しい化学反応が起こり、光が出ています。そのため、炎の上の部分（外側）にガラス管を置いても、可燃性の蒸気は集められないのです。

次に、ロウソクの熱がどこにあるかですが、意外にも中心部にはありません。1枚の厚紙を炎に近づけると黒

ロウソクの炎の構造

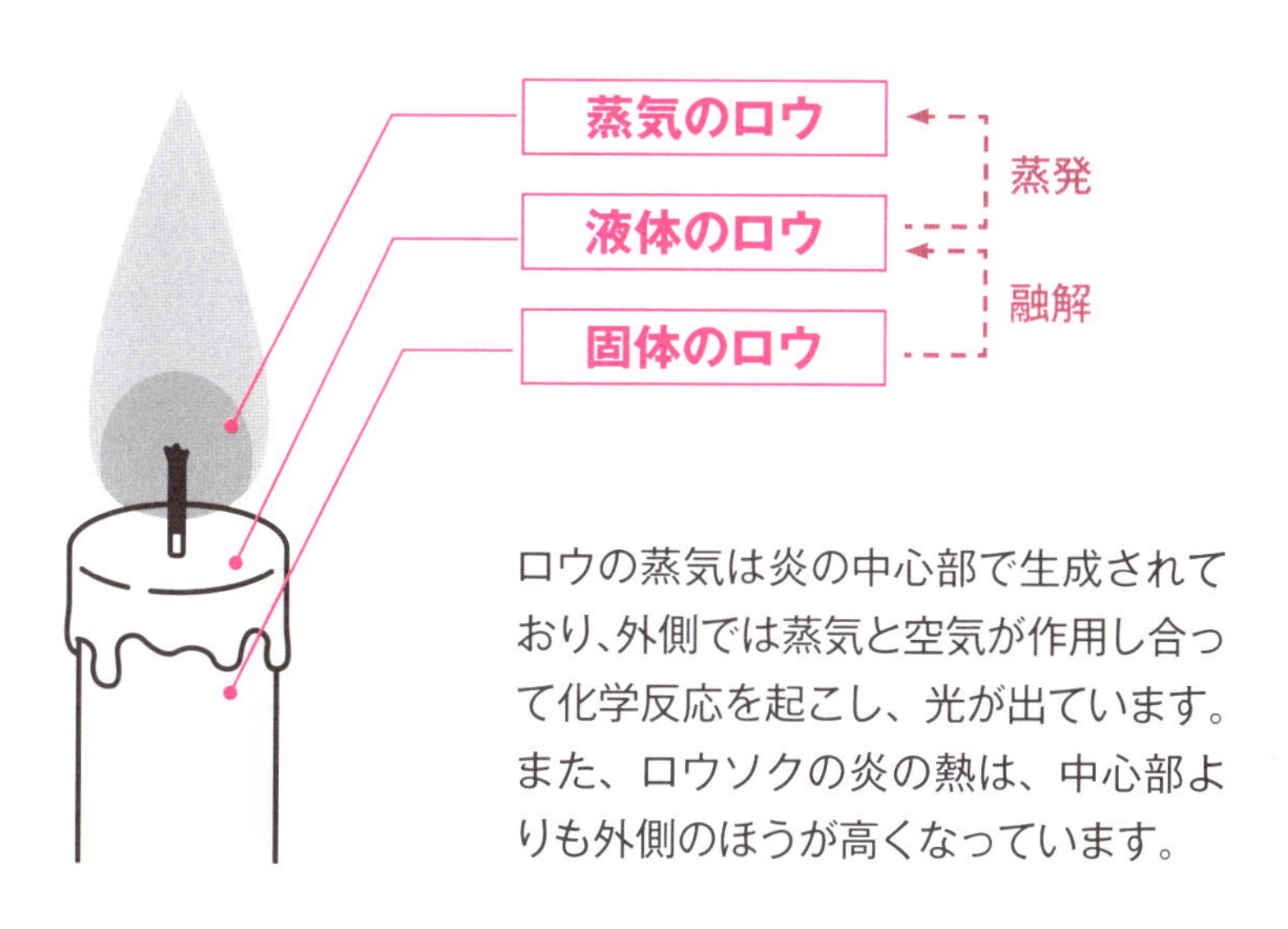

ロウの蒸気は炎の中心部で生成されており、外側では蒸気と空気が作用し合って化学反応を起こし、光が出ています。また、ロウソクの炎の熱は、中心部よりも外側のほうが高くなっています。

い輪ができますが、この黒い部分こそが、燃焼の化学反応が起きている場所です。

また、割り箸を炎の中心に入れてすぐに抜き取ると、2つの端は燃えて黒くなっていますが、真ん中はさほど黒くなってはいません。こうした実験から、**ロウソクの熱は中心部よりも、外側のほうが高い**ことがわかります。

ファラデーは、「この熱の分布状態は、ロウソクの科学を探求するうえで、何よりも大切なことです」と述べています。なぜなら、炎の外側は蒸気と空気がぶつかる場所なので、「燃焼には空気が絶対に必要だ」ということを示しているからです。

「火は空気があるから燃える」というのは、今や誰でもわかる常識です。しかし、こうした実験をすることで、それを改めて確認することができるのです。

まとめ

ロウソクの炎には「蒸気の生成」と「蒸気の燃焼」の働きがあり、決まった場所で起こる。

考察

実験でわかる燃焼の性質
ロウソクはどんな空気でもきちんと燃えるのか？

新鮮な空気がなくなると「不完全燃焼」の状態に

ロウソクの燃焼において空気が必要不可欠だということがわかりましたが、空気であれば何でもいいというわけではありません。ファラデーはビンとロウソクを使った実験で、それを証明しています。

空気が入っているガラス製のビンを火がついたロウソクにかぶせると、最初は普通によく燃えています。ところが、しばらくすると炎が徐々に小さくなる「不完全燃焼」となり、ビンの内側が曇っていきます。そして、最終的には火が消えてしまいました。ビンの中には空気が残っているはずなのに、どうして消えてしまったのか？　それは、ビンの中の空気が一部変化し、**ロウソクが燃えるのに必要な「新鮮な空気」が足りなくなったから**です。

また、ファラデーはこの結果の考察として、綿の玉にテレピン油（松などの樹脂に含まれる芳香のある液体）を染み込ませたものに火をつけて実演しています。綿の玉は芯が大きいので多くの空気を必要としますが、空気が十分でないと「不完全燃焼」になります。その結果、**黒い煙（煤）が出てきますが、ファラデーはこれが炭素であると述べています**。

燃えるためには「新鮮な空気」が必要

ファラデーの実験①

火がついているロウソクに
ビンをかぶせる

かぶせた後はしばらく空気中と
同じように燃えている

しばらくするとビンの中の
新鮮な空気が足りなくなり、
「不完全燃焼」の状態になって
炎が小さくなっていく

炎が消える

ファラデーの実験②

綿の玉にテレピン油を
染み込ませたものに火をつける

綿の玉は芯が大きいので
すぐに「不完全燃焼」になる

綿の内側の
新鮮な空気が不足

黒い煙（煤＝炭素）が
炎の外に立ちのぼる

仮説

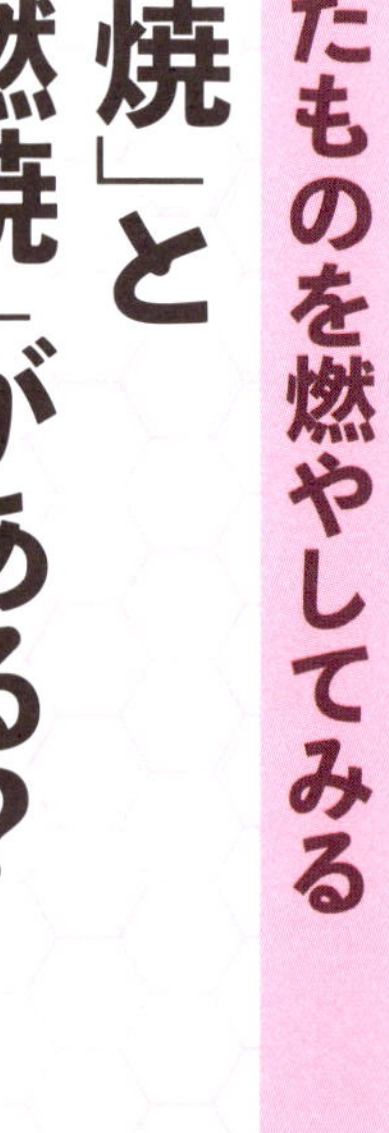

火薬と鉄粉を混ぜたものを燃やしてみる

「炎が出る燃焼」と「炎が出ない燃焼」がある？

火花が舞い散るように明るく燃焼する鉄粉

新鮮な空気など、燃焼に必要なものが不足すると「不完全燃焼」を起こします。逆に、すべての条件が整っているとロウソクもしっかりと燃焼するわけですが、そもそも燃焼というのは、いつも炎を上げるものなのでしょうか？　それとも、「炎をともなわない燃焼」もあるのでしょうか？　そうした疑問に対し、ファラデーは火薬と鉄粉を用いた実験で示してくれています。

火薬は、熱や刺激によって簡単に燃える物質です。ファラデーが用いたのは木炭粉約15%、硝石約75%、硫黄約10%を混ぜた黒色火薬で、火をつけると炎を上げます。一方、鉄粉はそのままでは燃えないので、火薬と混ぜ合わせて火をつけます。すると火薬が勢いよく燃え、その熱で鉄粉も燃えます。このとき、鉄粉は明るく光り、火花が舞っているように見えますが、炎を上げるようなことはありません。

これはつまり、**燃焼していても、必ず炎を上げるわけではない**ことを示しています。

また、火薬と金属の燃焼の組み合わせは、色鮮やかな花火にも当てはまります。花火には火薬と一緒に金属の

炎を上げて燃える粉の正体は？

ファラデーが「燃えやすい粉」として紹介している石松子はヒカゲノカズラの胞子で、空気中に舞う状態にすると火がつきやすくなります。また、農業用の花粉増量剤として使われています。

粉を入れますが、これは、金属には加熱すると特定の色の光を出す「炎色反応」という性質があるからです。

例えば、ストロンチウムは深紅、バリウムは黄緑、銅は青緑、ナトリウムは黄色の炎を示します。こうした金属の粉を上手く組み合わせることで、色彩豊かな花火を生み出しているのです。

ちなみに、ファラデーは「燃焼の際に炎を上げるものと上げないものを見ただけで区別するには、非常に鋭くて細かな識別力を必要とします」と述べ、「燃えやすい粉」の代表例として「石松子」を紹介しています。石松子は淡黄色の粉末で、ヒカゲノカズラの胞子です。熱するとそれぞれの粒が蒸気をつくり出し、火をつけるとパチパチという音を出して燃焼します。現在では、農業用の花粉増量剤などに用いられています。

まとめ

鉄は炎を上げずに燃えるので、燃焼は必ずしも炎を上げるわけではない。

分析

ロウソクが燃えると何が出てくるのか？

ロウソクの炎に輝きを与える物質とは？

物質が燃えると大量の気体が空中に放出される

ロウソクの芯の近くにガラス管を差し込むとロウの蒸気が出てきましたが、炎の先の方に差し込むと、今度は黒い煙（煤）のようなものが出てきました。これは、いわゆる炭素です。

そして、ファラデーは「この炭素が、ロウソクの炎に美と生命を与えている」と述べています。さらに、炭素である木炭を見せながら、このように説明しています。

「ロウソクの炎の熱はロウの蒸気を分解して、炭素の粒を放出します。そして、炎の中でこの炭素が光り輝き、空気中に出ていきます。ただし、燃えた炭素の粒がロウソクから出ていくときは、もはや完全に姿が見えない物質となり、空中に散っていきます。私が手に持っている木炭のような汚いものが白熱し、美しい光を放つというのは、素晴らしいことではありませんか？」

ロウソクは燃焼することで確実に何かができ、その一部が炭素なのですが、それが燃えるとまた別の物質ができて空中に散っていきます。この何物かが一体どれぐらい空中に飛んでいるのかを、ファラデーは小型の熱気球を使って説明しています。

熱気球を使ったファラデーの実験

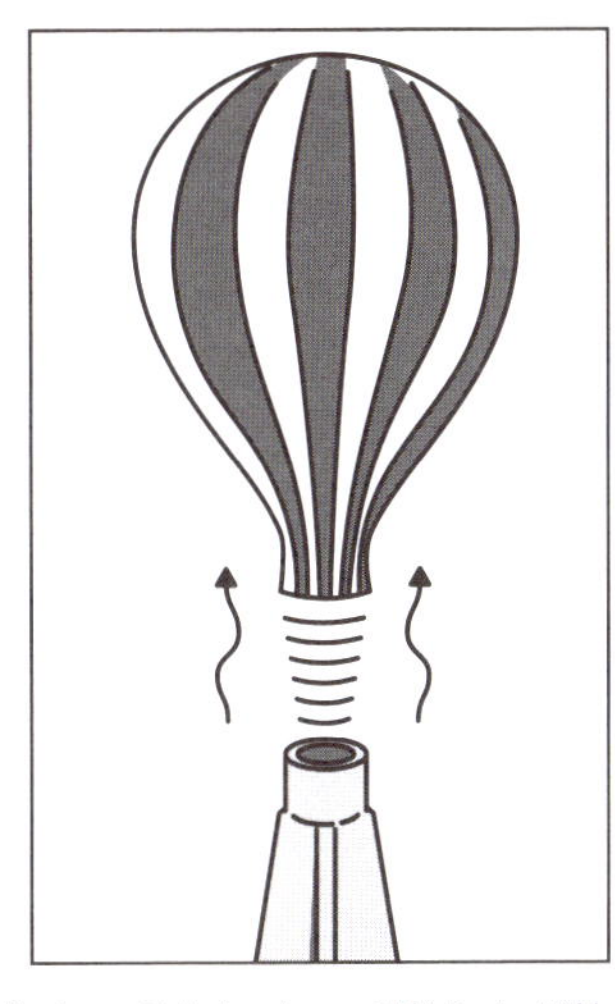

アルコールに火をつけると多量の物質が発生し、それによって膨らんだ熱気球が上昇していく。

燃料となるアルコールを皿に注ぎ、そこに火をつけます。すると暗い炎が立ち上がり、膨らんだ熱気球が上にのぼっていきます。ちなみに、炎が暗いのは、アルコールにはロウソクと違って炭素があまり含まれていないからです。

熱気球がフワフワと飛んでいったのは、たくさんの物質が気体として発生し、それが気球の内部を膨らませたからです。これはロウソクも同じで、**ロウは燃えると蒸気になりますが、その量は驚くほど多いです**。目に見えないからわからないのですが、じつは大きな変化が起きているのです。

火を灯したロウソクにビンをかぶせると、徐々にビンの中が曇っていきますが、これはロウソクから発せられる水です。さらに実験を重ねて、考察を深めていきましょう。

まとめ

明るい炎は、固体の粒が光っているもので、ロウソクの場合は炎の中に炭素の粒を出す。

炎の熱の場所を見つける

ロウソクの炎の熱は内側よりも外側の方にありますが、厚紙や割り箸を使えば、そんな炎の熱のありかを確認することができます。

用意するもの

ロウソク、ライター、厚紙、ロウソク立て、割り箸、ボウル

薄い紙だとすぐに燃えてしまうので、名刺作成用の紙などを用意しましょう。

手順

1 ロウソクに火をつける

ロウソクが静かに燃えるよう、風があたらないようにします。

2 厚紙を炎の真ん中に差し込み、すぐ取り出す

斜めに持つと上手くいかないので、水平に持つのがポイント。厚紙には輪の形をした焦げ目ができ、炎の一番熱い場所が外側だということがわかります。

3 割り箸を炎の真ん中に差し込み、すぐ取り出す

割り箸でも、炎の一番熱い場所は確認できます。一瞬で黒くなり、長く入れていると燃えてしまうので、火に入れたらすぐに取り出しましょう。真ん中よりも、2つの端の方が焦げていることが確認できます。

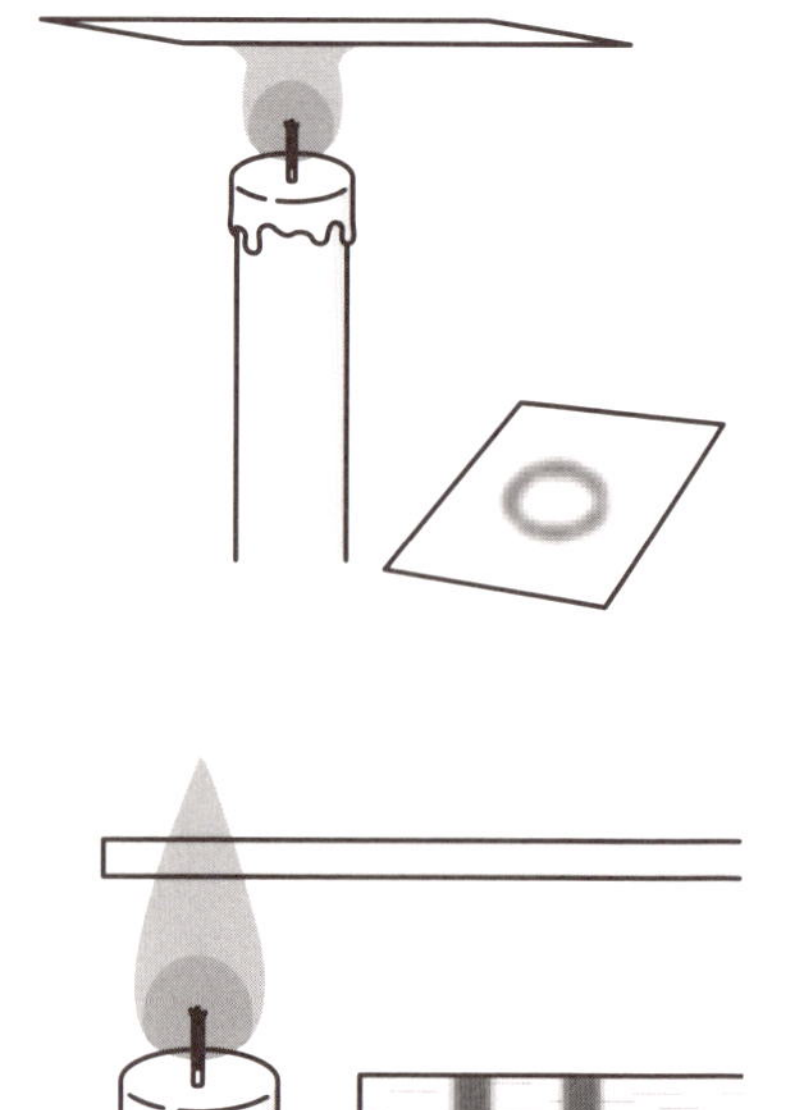

※いつでも火が消せるよう、ボウルなどに水を入れて用意しておきましょう。

スチールウールを燃やす

鉄を薄く伸ばして細く切ったスチールウールを使うと、鉄から炎が出るのかどうかを確かめることができます。

用意するもの

スチールウール、ライター、ピンセット、金属皿、ボウル

スチールウールは鍋のさびなどをこすり落とすのに便利で、台所用品売り場などで売られています。

手順

1 スチールウールをほぐす

そのまま火をつけて燃やすのは危険なので、ほぐして少量を燃やすようにします。ピンセットで持って燃やしましょう。

2 ほぐしたスチールウールを燃やす

スチールウールに火をつけると、赤く光って燃焼します。このとき、炎は発生しません。ちなみに、スチールウールは燃焼後のほうが重くなりますが、これは熱することで空気中の酸素が鉄と結びつくからです。一方で、ロウソクのように気体が出ないので、結びついた酸素の分だけ重くなります。

鉄の燃焼

$$2Fe + O_2 \rightarrow 2FeO$$

鉄　　酸素　　酸化鉄

「科学的な思考」の重要性

学校教育において、近年重要性が高まっているのが「科学的な思考」です。問題を解決したり、原因を調べたりするための方法を計画・実践し、その結果や観察経過を考察して規則性を見出し、すでにある事柄や法則と照らし合わせながら、新たに直面した事象を論理的に説明することを指します。

観察や実験を行うときは仮説を立て、それをもとに結果を予測するのが「科学的な思考」のセオリーです。なぜなら、予測をしていないと、出てきた結果から規則性を見出すのが困難になるからです。あらかじめ予測することで、結果が出てきたときに「予測に近かった」「なぜ誤差が生じたのだろう」となり、その後の考察も深まります。

また、「仮説を立てる」という行動をとることで「これはどうなるのだろう」という考える力も養うことができます。その力が高ければ、物事の本質をつかむのも容易になり、正しい判断を下しやすくなります。

「仮説」「観察・実験」「考察」を通して得られる「根拠を明らかにして説明する力」は、日常生活やビジネスなど、さまざまな場面で活用できます。だからこそ、教育の場面でも重要性が高まっているのです。

「科学的な思考」の筋道

1. 自然の事象や現象から問題を把握する。
2. その事象が生じる原因や仕組みを調べるのに最適な観察・実験を計画する。
3. 仮説を立てて、結果を予測する。
4. 実施した観察・実験の結果を考察し、その中から規則性を見つけたり、基準を定めて分類したり、関係づけをしたりする。

第3章 ロウソクの火から生まれるものは？

検証

ロウソクの上昇気流から出てくるもの

本当にロウソクから水はできるのか？

前回の講演でも述べましたが、今回は燃焼によって生じる水に注目して、ロウソクとの関係性を考察します」

まずは、金属のカリウムの欠片を水の中に入れます。**するとカリウムは水と反応し、水に浮いて走り回り、紫色の炎を上げて燃えます。このカリウムを使うことで、液体が水かどうかを確かめることができます**。

次に、ファラデーは氷と食塩を入れた容器を火のついたロウソクの上にかざします。すると容器の底に水滴ができますが、これにカリウムを合わせると火が燃えます。これによって、ロウソクから水ができることが証明できました。

カリウムの欠片を使って水かどうかを確かめる

2回目の講演の最後に、ファラデーは聴衆に対し、ある実験を行うよう呼びかけています。

「皆さん、おうちに帰ったら冷やしたスプーンをロウソクの炎にかざしてみてください。スプーンはすぐに曇りますが、これは水が原因で生じたものです」

そして、続く3回目の講演では、ロウソクの燃焼によって生じる物質の考察が行われます。

「ロウソクの燃焼でさまざまなものが生成されることは

ロウソクからできる水を確認する

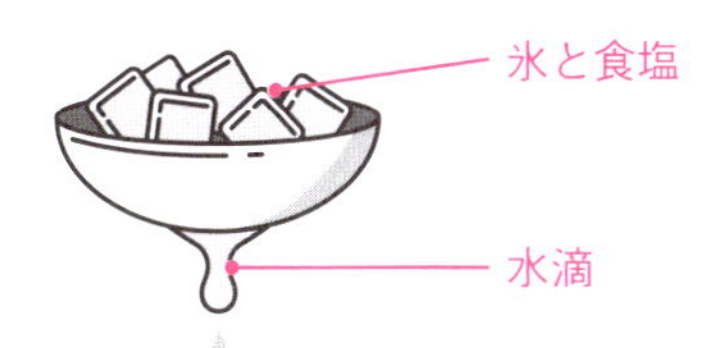

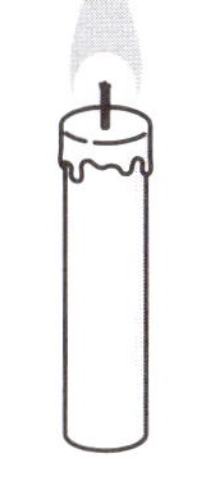

ロウソクの炎の上に氷を入れた容器をかざすと、容器の底に水滴が垂れてきます。

この垂れた液体にカリウムの欠片を置くと、水の中に入れたときと同じように、紫色の炎を上げて水面を動き回ります。

ロウソクから水ができる！

カリウムはどんな物質？

金属のカリウムは水に激しく反応するので、取り扱いに気をつけなければならない物質です。この金属は19世紀初めにハンフリー・デーヴィーというイギリスの化学者が、水酸化カリウムを電気分解したときに結晶として取り出し、発見しました。「カリウム」の名称は、アラビア語の「植物の灰」という言葉が由来になっています。

考察

ロウソクで作った水は川や海の水と同じ？

水はどのような状態でも本質は同じ

川や海の水も蒸留すればロウソク製と同じ純粋な水に

ファラデーはロウソクを燃やした水を入れたビンを持って、「炎を上げて燃えるものなら、水ができる」と述べています。ロウソクやガス、アルコールなどを燃やして作った水は混じりっ気のない純粋な水です。

一方で、川や海、泉などで取り出した水には、さまざまなものが混じっています。また、水道水にもカルシウムやマグネシウムといった成分が含まれています。しかし、左ページ下のような装置を使って、加熱して出てきた水蒸気を冷やすことで、これらの水も純粋な蒸留水になります。

そしてファラデーは、水の本質についてこのように述べています。

「水は、ギリシア神話のプロテウスのように、固体、液体、気体と、さまざまな姿に形を変えます。しかし、**ロウソクから燃焼で作られた水も、川や海から取り出した水も、物質としてはまったく同じ水なのです**」

水は生き物が命を保つうえで欠かせないものですが、その性質を知ることで、科学に対する興味がより深まっていきます。

燃えるものからもできる水

プロテウスはギリシア神話の海神で、「海の老人」とも呼ばれています。あらゆるものに姿を変えるので、捕まえることができないとされています。

水のさまざまな状態

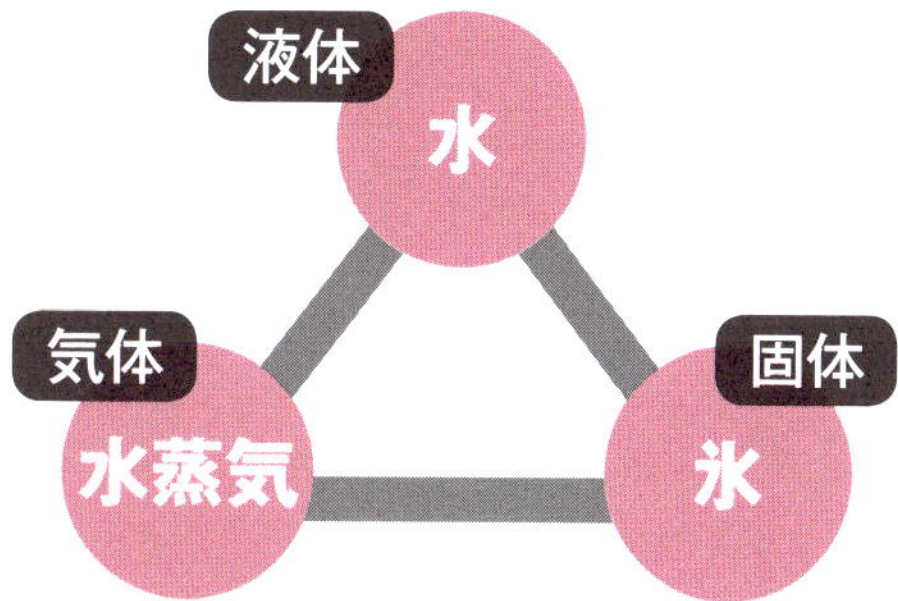

水の蒸留方法

※「リービッヒ冷却器」を使用した場合。

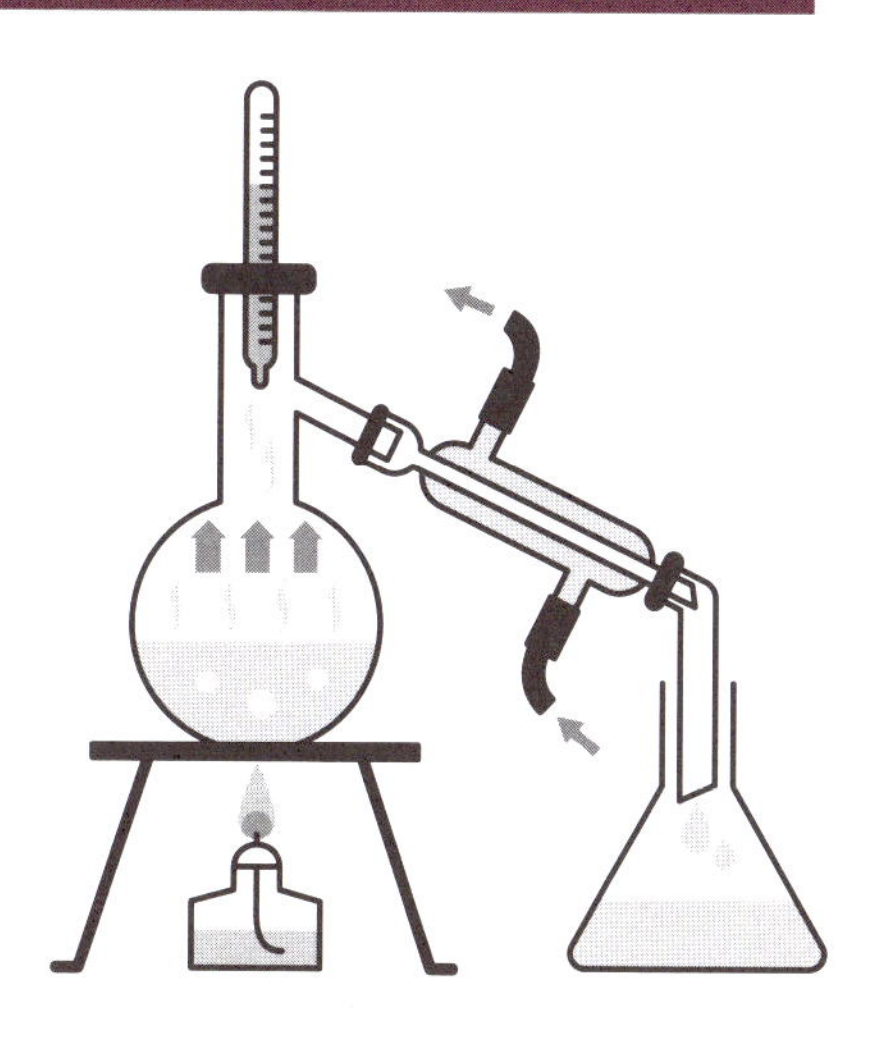

リービッヒ冷却器は筒が二重になった冷却器で、1831年にドイツの科学者ユストゥス・フォン・リービッヒが発明したものです。加熱して気体になった水を凝縮して冷やし、冷やすための水は、斜めになった筒の下側から上側に流します。

考察

水の状態変化がもたらすものとは？

水が氷や水蒸気になるとどんな変化が起こるのか？

そして、ファラデーは氷と食塩を入れた容器、頑丈なビンを使って、水が氷になるときに生じる強い力について説明しています。ビンの中に空気が入らないよう水を一杯に入れて冷やすと、中の水が凍ったときに容器が氷を抑えきれず、内部の膨らみで割れてしまいました。

また、水を入れて熱したフラスコの口を時計皿などで覆うと、グツグツと煮えたぎった水から上がってくる蒸気の力で、時計皿はカタカタと揺れます。フラスコの中の水は水蒸気になったことで体積が膨張し、収まりきらなくなります。その結果、行き場を求めて時計皿を揺らし、空気中に出ていきます。

氷や水蒸気に変化すると体積が増加していく

ファラデーは、水の性質について「水は2つの物質が化合したものです。ひとつは、私たちがロウソクから取り出したことがあるもの。もうひとつは、私たちがどこでも見つけることができるものです」と述べています。

そして、水は氷や水蒸気に変化しますが、状態によって形や重さが変わります。**氷になるときには不思議な力強い働きが出たり、水蒸気になったら驚くほど体積が増えます。**

水の状態変化がもたらすもの

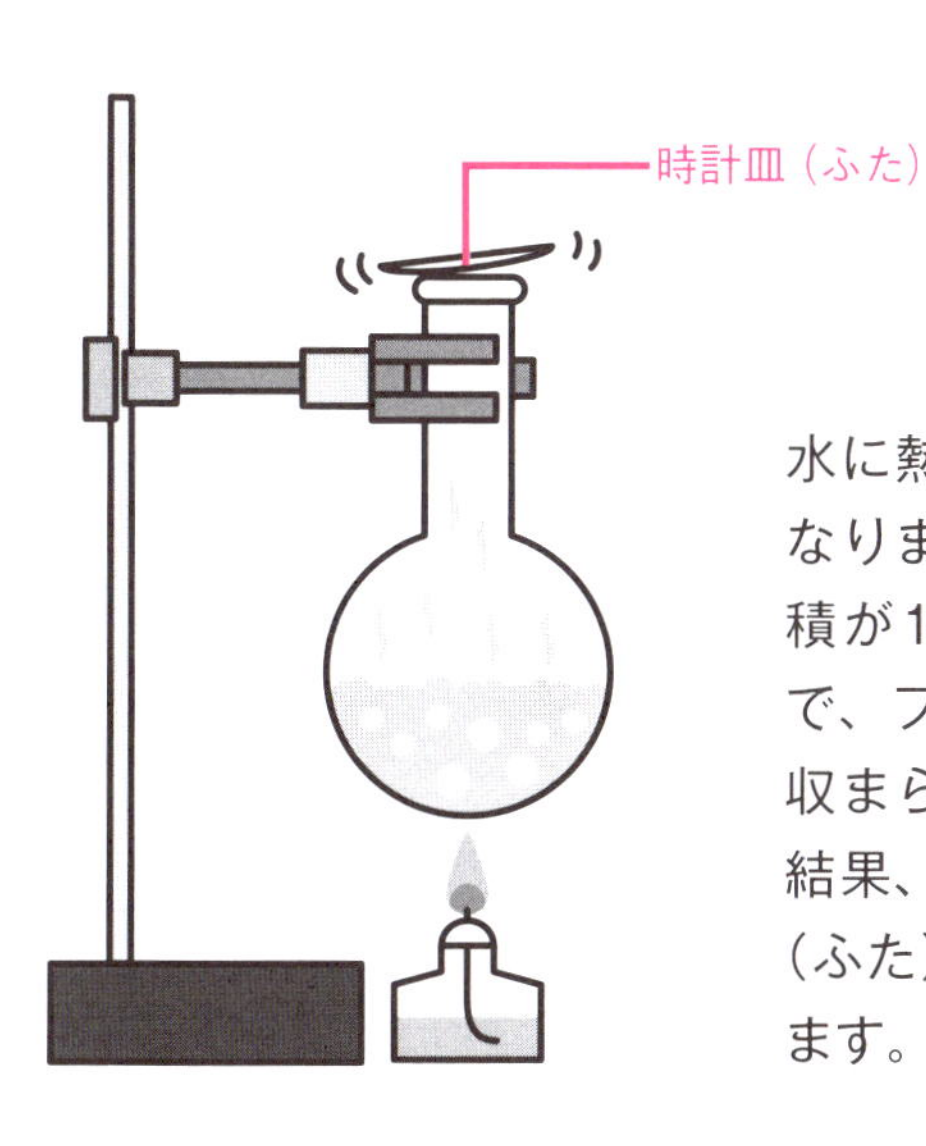

水に熱を加えると水蒸気になりますが、そうなると体積が1700倍以上になるので、フラスコの中だけでは収まらなくなります。その結果、外へ出ようと時計皿（ふた）をカタカタと揺らします。

温度による固体・液体・気体の変化

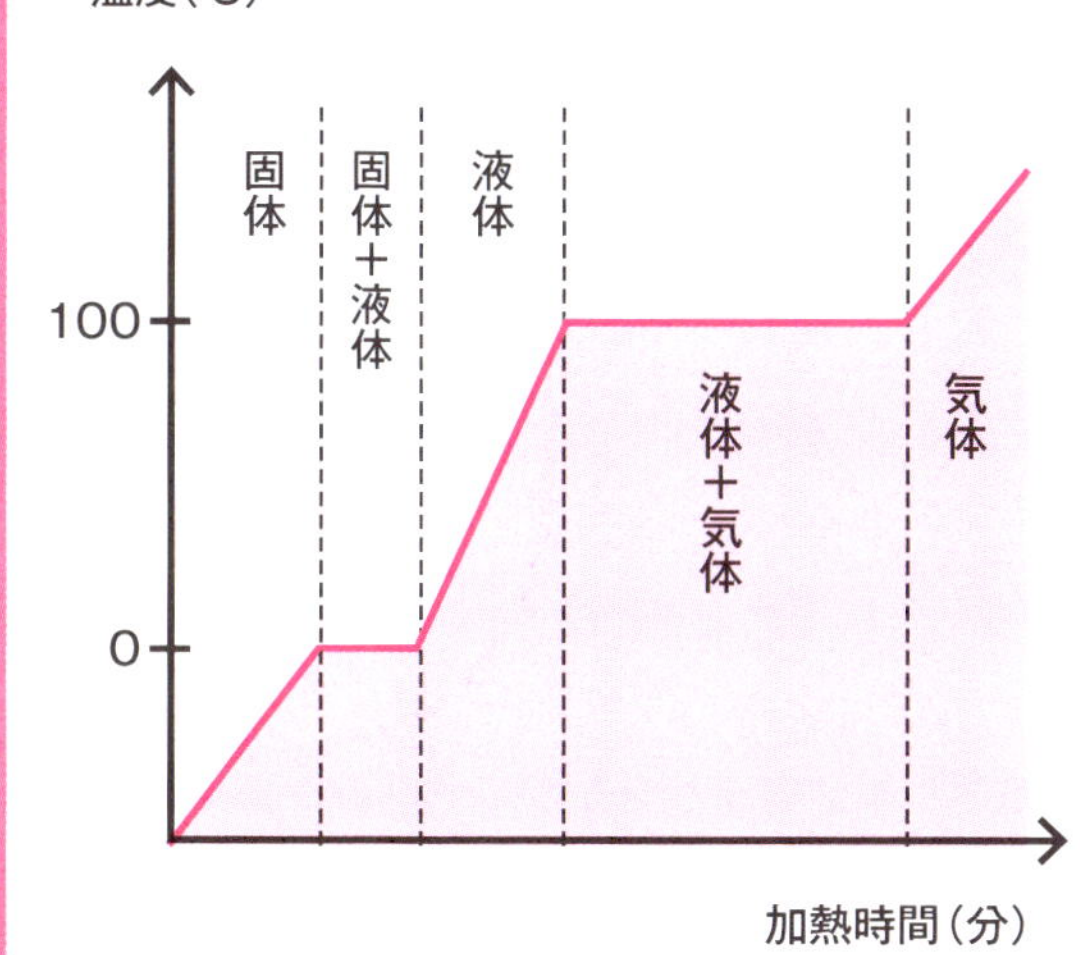

左のグラフは、氷（水）を加熱したときに、時間が経つにつれて形状がどう変化するのかを示しています。水の融点（氷→水）は0℃、沸点（水→水蒸気）は100℃で、氷から水になるときは体積が減少します。

考察

状態によって変わる水の体積

水と水蒸気にはどんな関係性がある？

水が水蒸気になることで体積は1700倍以上に

氷が水に浮くのは当たり前のことですが、よく考えれば、どちらも同じ「水」です。しかし、**氷は水よりも体積が10％大きくなるので、水と同じ体積なら、氷のほうが軽くなる**のです。

次に、水と水蒸気の関係性について述べていきます。ファラデーは水を入れて熱したブリキの筒を前に、次のように説明しています。

「このブリキ缶からは、沸騰してできた大量の水蒸気が噴き出しています。容器の内部はたくさんの水蒸気で満たされており、外に漏れ出ているのです。また、水から水蒸気になるときは、体積は1700倍以上になるとされています」

加熱して水を水蒸気にしたら、今度は温度を下げて水蒸気を液体の水に戻す作業（凝結〔ぎょうけつ〕）を行います。例えば、冷たいコップに水蒸気をかざすと水滴がつきますが、これは、水蒸気が冷えて水に戻ったことの証でもあります。

また、中を水蒸気で満たしたブリキ缶の口をとじ、冷たい水を注いで冷やすと、缶はつぶれます。これは、水蒸気が冷えることで缶の内部に真空ができたからです。

水の状態変化と分子構造

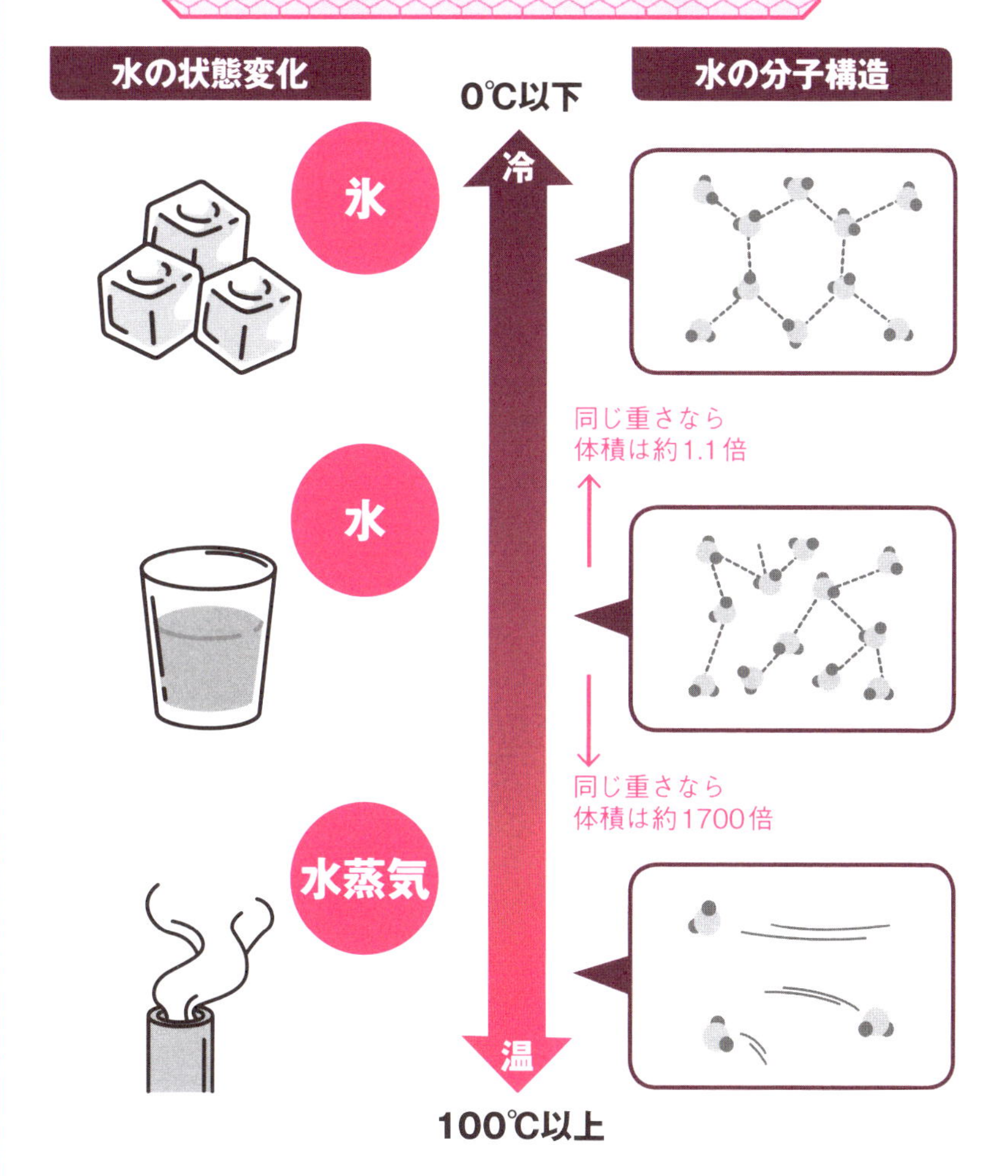

液体から固体になるとき、ほとんどの物質は体積が小さくなります。ところが、水は逆に大きくなります。水は2種類で構成される粒子（分子）が、たくさん集まってできています。分子は液体の場合はつながっていて、固体の場合は隙間が多い構造になっているので、液体（水）よりも固体（氷）のほうが、体積が大きくなるのです。

検証

物質によって反応の仕方はさまざま

水に物質を入れるとどんな化学反応を起こすのか？

水の中に鉄くずを入れるとゆっくりとさびていく

ロウソクから水が得られることはすでに説明しましたが、それでは、その水は元々ロウソクの中にあったものなのでしょうか？ それに関して、ファラデーは次のように説明しています。

「ロウソクの中に水が含まれているわけではありませんし、ロウソクの燃焼に必要な周囲の空気の中にもありません。**水は2つのものが合わさってできますが、一部はロウソクから、一部は空気からきています**」

そして、水にどのような性質があるのかを示すため、ファラデーはカリウムや鉄くずを用いた実験を行っています。

「カリウムの欠片を入れたときには、水と反応して美しく燃える〝変化〟を起こします。一方で、鉄くずを水に入れるとカリウムほど激しい変化は起こしませんが、数日かけて変化していきます。つまり、さびてくるのです。常温で置いておくと赤くさびてボロボロになる化学反応を起こし、高温になるほどそれは加速していきます」

このように、水に対する反応は物質によってさまざまですが、鉄の反応はカリウムのそれと同じだということを心にとめてほしいと、ファラデーは述べています。

化学式で見る水と物質の反応

$$2K + 2H_2O \rightarrow 2KOH + H_2$$

カリウム　水　水酸化カリウム　水素

カリウムは酸素とくっつきやすい性質があり、水分子から酸素を奪い取って水素を発生させます。

$$4Fe + 4H_2O + 2O_2 \rightarrow 4Fe(OH)_2$$

鉄　水　酸素　水酸化鉄Ⅱ

$$4Fe(OH)_2 + O_2 \rightarrow 2Fe_2O_3 + 4H_2O$$

水酸化鉄Ⅱ　酸素　酸化鉄Ⅲ　水

鉄を水・酸素とゆっくり反応させることで、赤さび（酸化鉄Ⅲ /Fe_2O_3）ができます。

産業革命をけん引した鉄

「金属の王様」と呼ばれる鉄は、人間にとって特別な存在で、鉄によってさまざまな進歩を遂げてきました。18世紀にはコークス（石炭を蒸し焼きにして炭素部分だけを残した燃料）を使った精錬が始まり、その後、蒸気機関が登場したことから、産業革命のけん引役になりました。ファラデーの時代のイギリスは最も製鉄業が盛んで、鉄は新たな時代や発展を象徴するもののひとつでもありました。

検証

炉を使った実験で出てくる気体
鉄と水蒸気を反応させると何が出てくるのか？

鉄と水蒸気から生成される黒さび

ファラデーは鉄製の管を通した炉を使って、鉄と水蒸気の関係性について述べています。

「この炉の中には鉄製の管が通っており、その管の中には鉄くずを詰めています。端に取りつけたボイラーを使って水蒸気を送り込み、反対側から出てくるというしくみになっています。この管の反対側の端は、水が入った水槽の中に入れておきます」

この状態で管に水蒸気を送り込むと、反対の水槽のところで凝結すると考えるのが一般的です。水蒸気は冷やされると、気体の状態を保てなくなるからです。ところが、水の中をくぐらせて温度を下げたはずなのに、反対側の管の端からはプクプクと気体が出ています。ファラデーは気体が集まったガラス筒を取り出し、口に火をつけます。すると、ポッと小さな音を立てて燃えました。

「水蒸気は燃えませんから、この気体が水蒸気ではないということはお気づきになるかと思います」

また、**水蒸気と反応した鉄くずは黒さびになっていました**。常温の水の中に入れたときは数日かかって赤さびになりましたが、こちらはすぐに黒くなりました。

ファラデーの炉を使った実験

❶コルクを開けて水蒸気を鉄製の管に送り込む
❷炉の中を通した管（鉄くず入り）を通過する
❸管の反対側の端から気体が出てくる

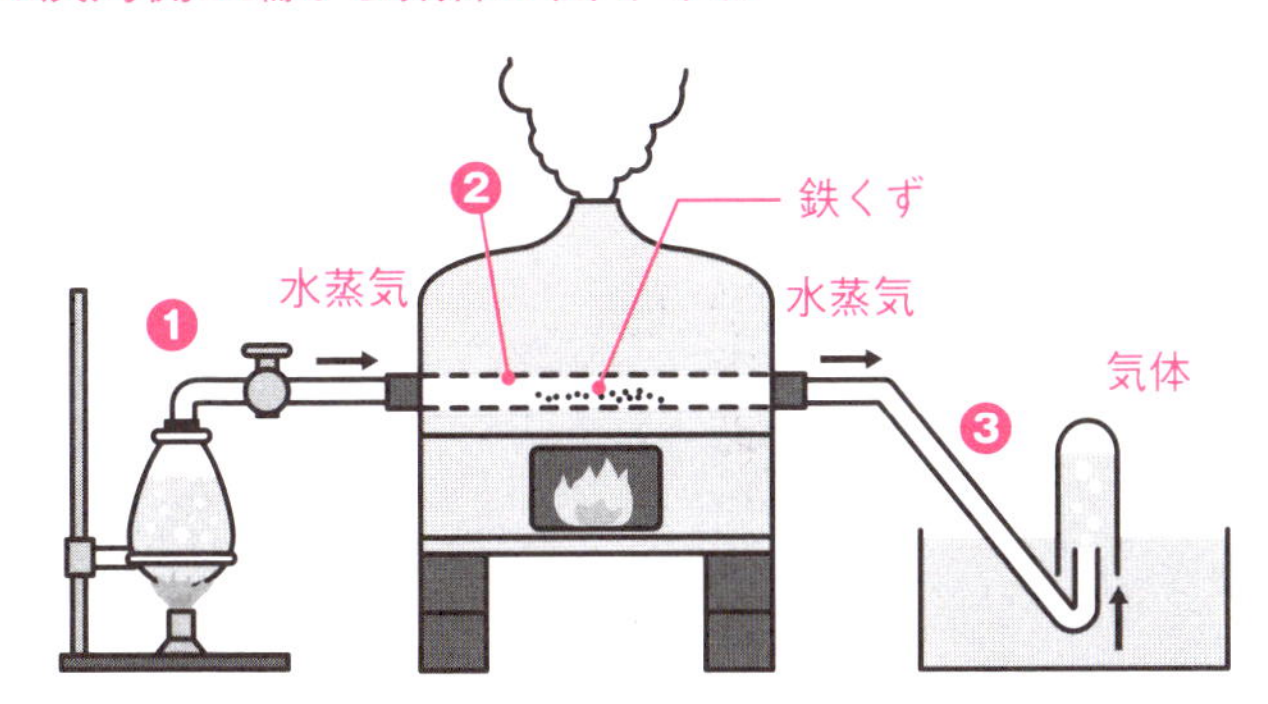

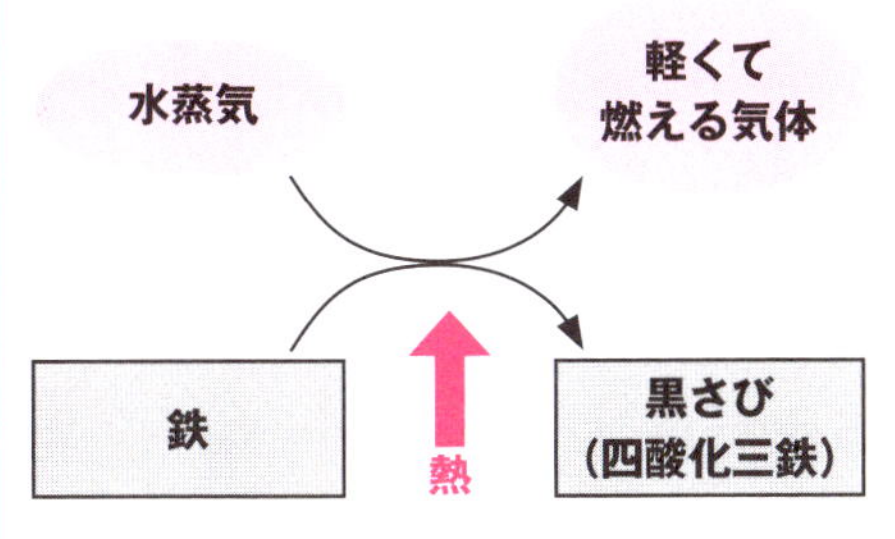

ガラス筒に集めた気体は、水の中をくぐらせて温度を下げましたが、水には戻りませんでした。また、火を近づけるとポッと燃えることから、この気体が水蒸気ではなく、別の「軽くて燃える気体」だということがわかります。

黒さび（四酸化三鉄）の生成

$$3Fe + 4H_2O \rightarrow Fe_3O_4 + 4H_2$$

鉄　水　四酸化三鉄　水素

水蒸気と反応した鉄くずは黒くなり、燃やした後の状態と似た感じになります。また、反応後の鉄は、反応前よりも少し重くなっています。これは、鉄が水蒸気から何かを取り込んだことを示しています。

分析

ガラス筒を使って移し替えもできる
火を近づけるとポッと燃える軽い気体の正体は？

酸と亜鉛を使っても可燃性の軽い気体が発生

鉄が水蒸気と反応すると、何かを取り込んで重さが増える一方で、火を近づけるとポッと燃える気体は取り込みません。ここでファラデーは、この気体で一杯になったガラス筒と、もうひとつのガラス筒を使って、面白い現象を見せています。

「先ほどご覧になったように、**この気体は可燃性です。また、この気体は凝結しないで空中をのぼっていく、非常に軽い物質**です。それを証明するため、2つの筒を逆さにして、気体を移し替える作業をします」

一方の口を、他方の口の下で傾け、中に入っていた軽い気体をもうひとつのほうへ移していきます。この移動作業によって、気体の性質や状態が変わることはありません。実際に、気体を移した側の筒に火を近づけると、ポッと音を立てて燃えています。

さらにファラデーは、このような質問をしています。

「鉄を水蒸気、すなわち水と作用させて作ったこの気体は、水に激しく反応するカリウムを使っても作ることができます。それでは、カリウムの代わりに亜鉛を使ってみたらどうなるでしょうか?」

水素を移し替える実験

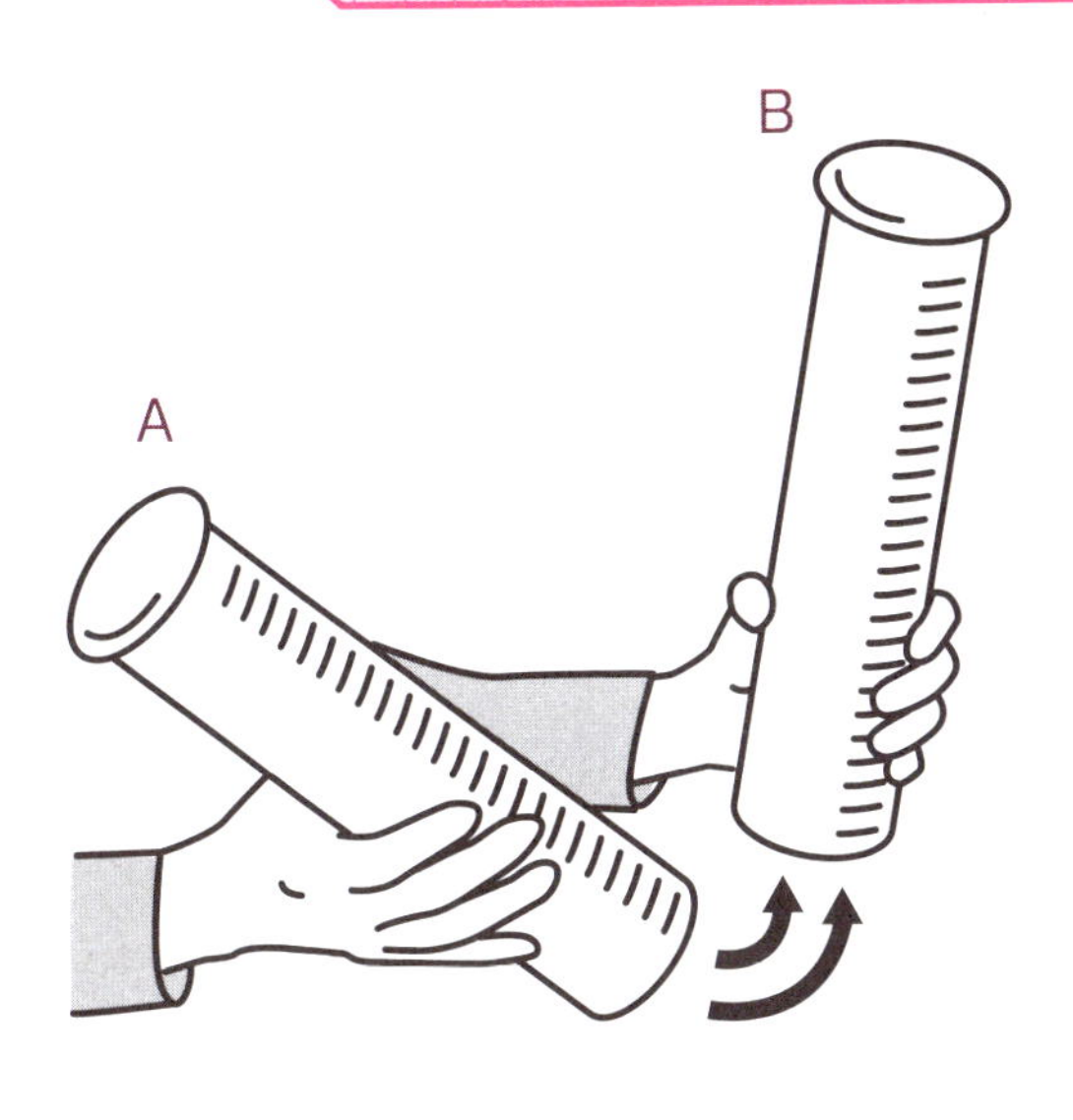

2つのガラス筒を逆さにして持ち、Aの燃焼する気体が入った筒を傾けて、中に入っている軽い気体（水素）をBの空気だけが入った筒に移し替えていきます。気体を移したあと、Bの筒の口に火を近づけると、ポッと音を出して燃えます。

金属元素である亜鉛は、水につけてもカリウムや鉄のような反応はしません。なぜなら、亜鉛の表面が保護膜のようなもので包まれているからです。そこで、ファラデーがこの膜を除くために酸を少し加えたところ、亜鉛は鉄とまったく同じように水と反応するようになりました。

そこで、今度は酸と亜鉛をフラスコに入れてみました。すると気体が発生し、ファラデーはそれをガラス筒に集めました。そして、この物質の正体をついに明かします。

「酸と亜鉛を使って発生した気体は、先ほどの鉄の管や炉を使った実験で得られた気体と、まったく同じです。火を近づけるとポッと燃えますし、非常に軽いので、移し替えることもできます。**この気体は『水素』という物質で、化学において、私たちが『元素』と呼ぶものの仲間です。**今回は酸と亜鉛を使って取り出しましたが、**ロウソクからできた水からも取り出せます**」

まとめ

水（水蒸気）と鉄の反応で生じる気体は水素で、ロウソクからできた水からも取り出せる。

考察

水素は亜鉛＋硫酸 or 塩酸で簡単に作れる

水素が燃えると何ができるのか？

「賢者のともし火」からも水をつくることができる

水素は元素ですが、ロウソクは元素ではありません。なぜなら、ロウソクからは炭素という元素が抽出できますが、水素そのものからは、もう何も取り出せないからです。

水素の説明をしたファラデーは「少量の亜鉛と硫酸または塩酸があれば、簡単に水素を作ることができます」と述べ、次の実験で使う小さなガラスビンを用意します。

「この小さなビンに亜鉛を少し入れたあと、一杯にならないよう気をつけて水を入れます。なぜそうするかというと、発生する気体が空気と混ざると、大爆発を起こすからです。それから硫酸を注ぎ込み、これによりビンの内部では水素が発生します」

水素は軽いのでガラスビンの口から出ますが、これを捕集ビンで集めます。水素は目に見えないので「本当に集まっているのか」と思うかもしれませんが、管の先端に火を近づけると、水素で灯った火が弱々しいながらも燃え続けます。ファラデーはこの火を「賢者のともし火」と呼びます。この火の上に捕集ビンをかざすと水滴がつきますが、これは、**水素が燃えると水ができる証でもあります**。

水素で作る「賢者のともし火」

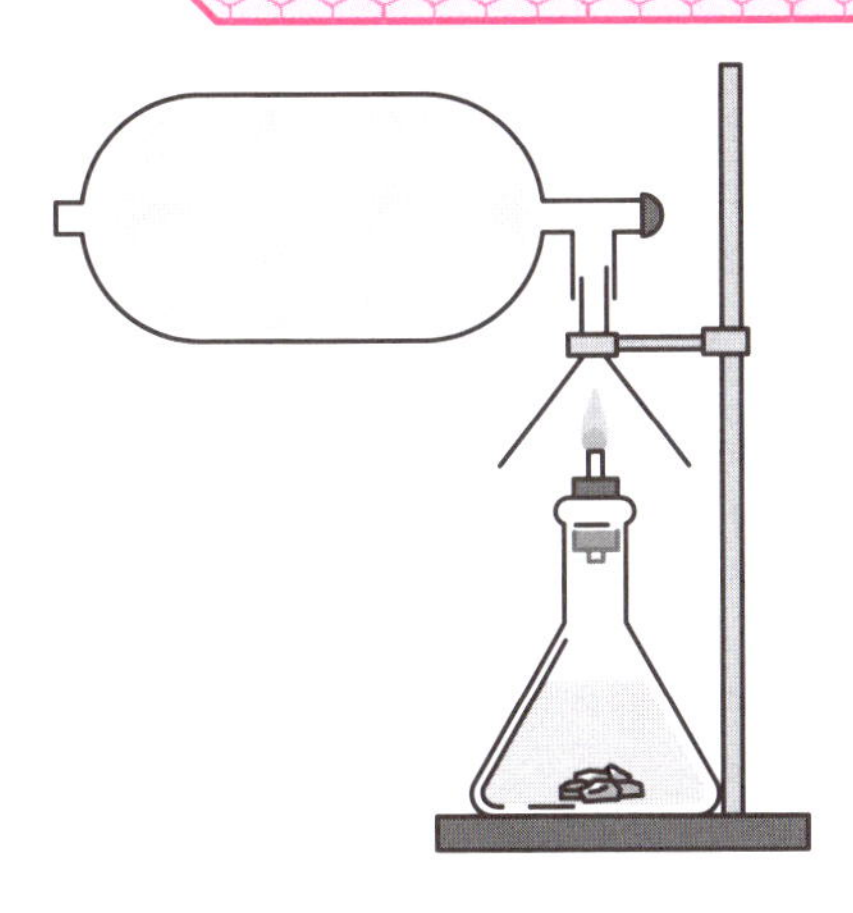

硫酸または塩酸、亜鉛と水を入れたガラスビンから水素が発生します。この水素を灯した「賢者のともし火」は、炎は弱々しいですが、温度は非常に高いです。また、しばらく置いておくと水素が入っていた捕集ビンに水がたまります。

水素の燃焼

$$2H_2 + O_2 \rightarrow 2H_2O$$

（水素　酸素　水）

水素に火をつけると、ポッと音を出して燃えます。また、酸素と化合して水を生成します。

亜鉛と酸の反応

硫酸の場合　$Zn + H_2SO_4 \rightarrow ZnSO_4 + H_2$

（亜鉛　硫酸　水素）

塩酸の場合　$Zn + 2HCl \rightarrow ZnCl_2 + H_2$

（亜鉛　塩酸　水素）

希硫酸もしくは希塩酸と亜鉛を反応させることで、水素を発生させることができます。また、酸の濃度を調整することで、水素が発生するスピードの調整も可能です。

検証

水素は燃焼させても水しかできない

水素にはどのような力が備わっているのか？

空気よりもはるかに軽く物体も持ち上げられる

ファラデーは、水素に秘められた力について次のように述べています。

「水素は何とも素敵な物質です。**空気よりもはるかに軽くて、物体を持ち上げることができるからです**。それを、皆さんにも見ていただきましょう」

そう言って、ファラデーは水素でシャボン玉を作りました。すると、このシャボン玉はフワフワと浮いて、あっという間に天井までのぼっていきました。続いて、中に水素を入れた風船を飛ばしましたが、これもすぐに天井までのぼりました。

1ℓの水素を詰めた風船は、1.2gの物質を浮かばせることができます。こうした原理を利用して気球や飛行船が飛ばされましたが、一方で、水素は燃えやすく、大爆発が起きるリスクもあります。1937年に飛行船ヒンデンブルク号の爆発事故が発生した後は、危険性が少ないヘリウムで飛ばされるようになりました。

一方で、**水素はいくら燃焼させても水しかできません。そのため、次世代のエネルギーとしても期待されており、技術開発も進んでいます**。

未来のエネルギー資源として期待される水素

水素エネルギーにはさまざまなメリットがあることから、未来のエネルギー資源としての期待が高まっています。水素を動力源として利用する「燃料電池バス」や、水素を使った自動車の燃料充填拠点である「水素ステーション」も着実に増えています。

❶さまざまな資源から作ることが可能

石油や天然ガスといった化石燃料だけでなく、廃プラスチックやメタノールなどでも作ることができ、エネルギーの輸入依存からの脱却につながります。

❷熱エネルギーとして利用しても二酸化炭素を排出しない

水素は燃焼させても水しかできず、二酸化炭素を排出しないので環境にやさしいです。

❸日本の産業競争力強化につながる

日本は水素エネルギーに関して高い技術を有しているので、水素社会が到来すれば、日本の産業力強化にも役立ちます。

気体と液体の体積と重さの関係

水素がいかに軽いかを説明するため、ファラデーが数値化したもの。1立方フィートあたりの重さを比べると、水素よりも水がずっと重いことがわかります。

基準値	水素の重さ	水の重さ
1立方フィート（約28.3ℓ）	1/12オンス（約2.36g）	約1000オンス（約28.3kg）

水をかけて缶をつぶす

水の体積は状態（氷、水蒸気）によって変わりますが、アルミニウムの飲料缶を使うと実感できます。熱湯を使うので、やけどには注意しましょう。

用意するもの

ふたがついたアルミニウム飲料缶、ポット、軍手、水（沸騰させるものと冷たいもの）

手順

1 沸かしたポットのお湯を缶に入れる

水を沸騰させるので、軍手をして作業します。

2 逆さにして中の湯を捨てたらふたをする

お湯を捨てたら、すぐにふたを閉めます。時間が経つと冷めてしまうので気をつけましょう。

3 洗面器などにためた冷たい水につっこんだり、水をかけるなどして缶を冷やす

缶の中にある水蒸気は、冷やすことで水に戻ります。水と水蒸気の体積比は約1:1700なので、容器内が真空状態に近くなり、缶がつぶれます。

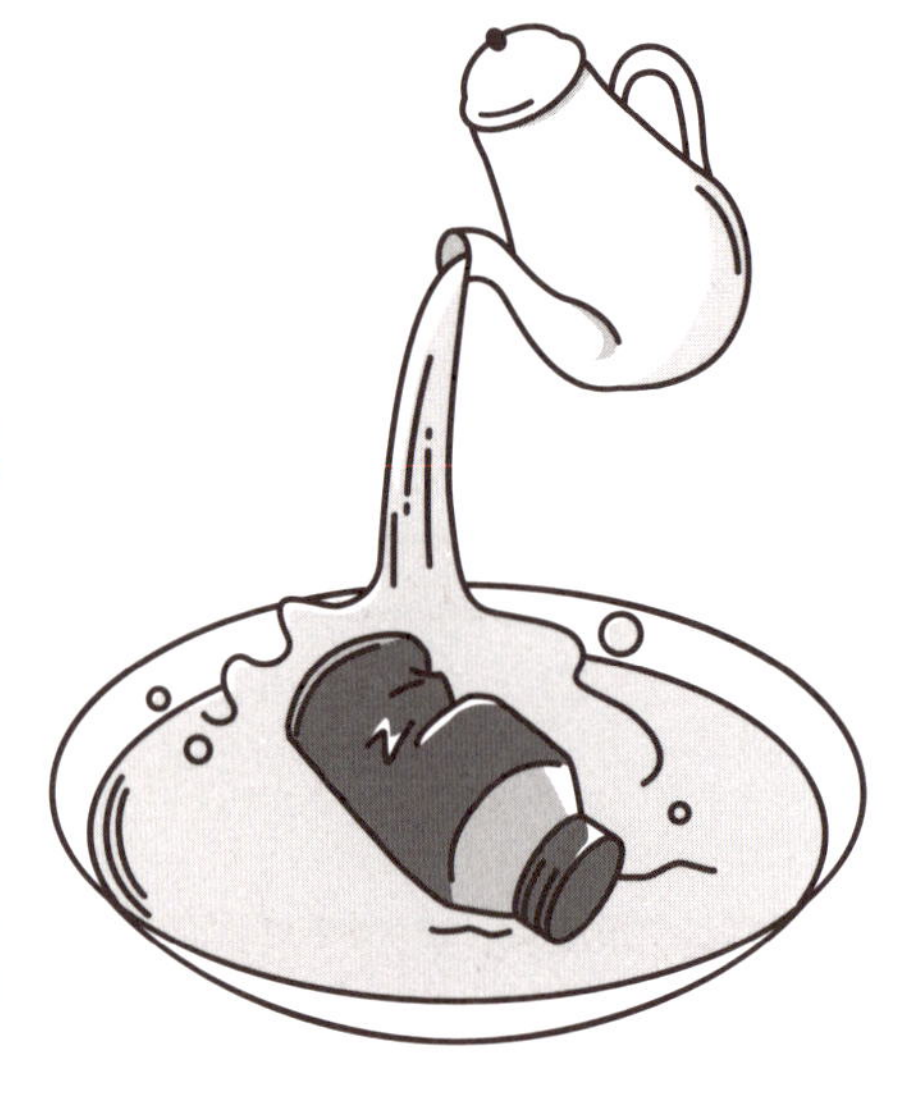

第4章 燃焼から生まれる水から水素と酸素を考えよう

考察

電池を使って液体から気体を取り出す
水を電気分解するとどうなるのか？

「水の中には、水素以外に何があるのか？ この装置を使って水を分解し、確かめたいと思います。ですがその前に、まずはこの装置、すなわち化学力が、物質に対してどのような働きをするのかを見ていきます」

そう言ってファラデーが用意したのは、銅と硝酸です。**強酸のひとつである硝酸に銅を加えると、激しく反応して赤い蒸気が出てきます。フラスコの中に入れた銅は溶け、液体は硝酸銅溶液となって青色に変わります。**

そして、ファラデーは電池の力がこの液体にどう及ぶのかを確かめるため、2枚の白金板（プラチナ製の板）を硝酸銅溶液の中に入れ、板にボルタ電池をつなぎました。

ファラデーの実験に活用されたボルタ電池

3回目の講演の終了間際、ファラデーは電池の両極から針金が出ているボルタ電池を使って実験を行っています。

「この針金の先を接触させると、火花が飛びます。この火花は40枚の亜鉛板から出たもので、使い方を間違えると人間を死にいたらしめるほどの威力があります。次回は、この『化学力』を水に働かせてみましょう」

そして、4回目の講演ではさっそくボルタ電池を使った実験を行います。

ファラデーが活用したボルタ電池

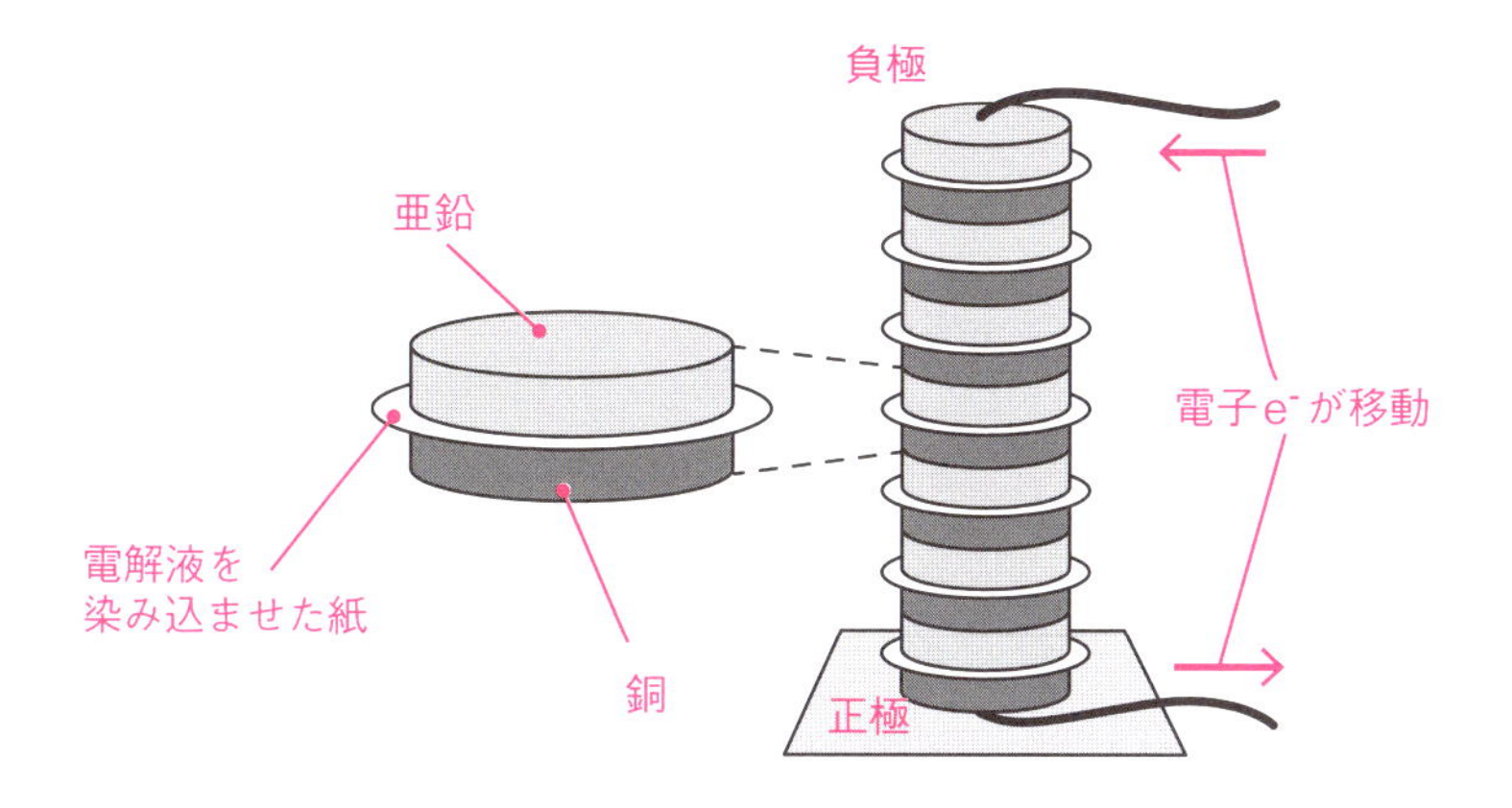

ファラデーが実験に用いたボルタ電池は、1800年にイタリアの物理学者アレッサンドロ・ボルタが発明したものです。電解液を染み込ませた厚紙を亜鉛板（負極）と銅板（正極）の間に挟み、それを積み重ねた構造になっています。

銅と硝酸の反応

濃硝酸の場合

$$\underset{\text{銅}}{Cu} + \underset{\text{硝酸}}{4HNO_3} \rightarrow Cu(NO_3)_2 + \underset{\text{二酸化窒素}}{2NO_2} + \underset{\text{水}}{2H_2O}$$

希硝酸の場合

$$\underset{\text{銅}}{3Cu} + \underset{\text{硝酸}}{8HNO_3} \rightarrow 3Cu(NO_3)_2 + \underset{\text{一酸化窒素}}{2NO} + \underset{\text{水}}{4H_2O}$$

金属の銅を硫酸に入れると分解され、液体は青色になります。濃硝酸に入れると赤褐色の二酸化窒素が、希硝酸に入れると無色透明の一酸化窒素が発生します。

水の電気分解によって2つの気体が集められる

2枚の白金板を電池につなぐと、Aの板には銅が付着しました。一方、Bは元の色のままです。そして、AとBの位置を交換して電気を流し続けると、今度はBの板が銅色になり、逆に銅色だったAの板はきれいになりました。これにより、硝酸銅溶液に溶け込んだ銅も、電気の力によって取り出せることがわかりました。

続いて、電池が水に対してどんな働きをするのかを、ファラデーはまたしてもボルタ電池を使って説明します。

「まずは、電池の両極にするための2枚の白金板をガラス筒の中にセットし、水を入れます。ただし、水だけだと電気を通しにくいので、水の中に酸を少し加えます。このガラス筒に曲がったガラス管をつなぎ、その端には捕集ビンをセットします」

この装置に電気を通すと、2枚の白金板から泡が出てきます。そして、気体が捕集ビンに集まっていきますが、火を近づけると爆発音を出して燃えるので、水蒸気ではありません。また、炎の色は水素が燃えたときに似ていますが、空気がなくても燃えたという点から、単体の水素という感じでもありません。

そこで、ファラデーは別の装置を使って、陽極側(電位が高いほうの電極)から発生する気体と、陰極(電位が低いほうの電極)から発生する気体を別々に集める実験を行います。すると、陰極側から発生する気体の量が、陽極側の倍もあったことが判明しました。

ファラデーは、まず気体が多く発生したほうのガラス管を手に取り、口に火を近づけます。すると、ポッと爆発して燃えました。この気体は水素です。一方、少なく発生したほうのガラス管に火をつけた木片を入れたところ、空気中よりも激しく燃焼しました。つまり、**この気体は「酸素」で、水の電気分解によって、水の成分元素が水素と酸素であることが証明できた**のです。

まとめ

水の電気分解によって、水の成分元素が水素(H)と酸素(O)であることが証明できる。

ファラデーの電気分解の実験

❶溶けた銅を取り出す

硝酸銅溶液に2枚の白金板を入れて電池につなぐと、陰極側の板（A）に銅が付着します。その後、左右の板を入れ替えて電気を流すと、今度はBの板に銅が付着し、Aの板はきれいになります。

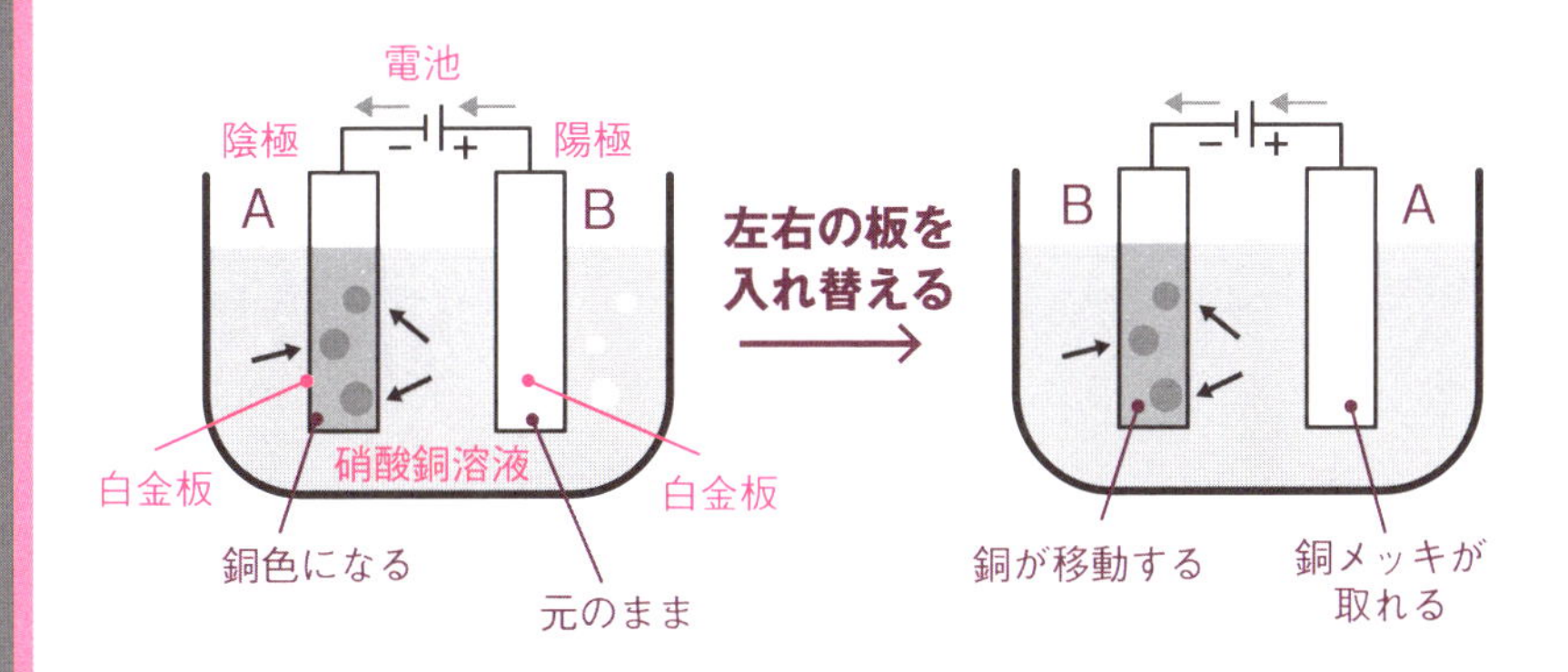

❷水の電気分解の装置

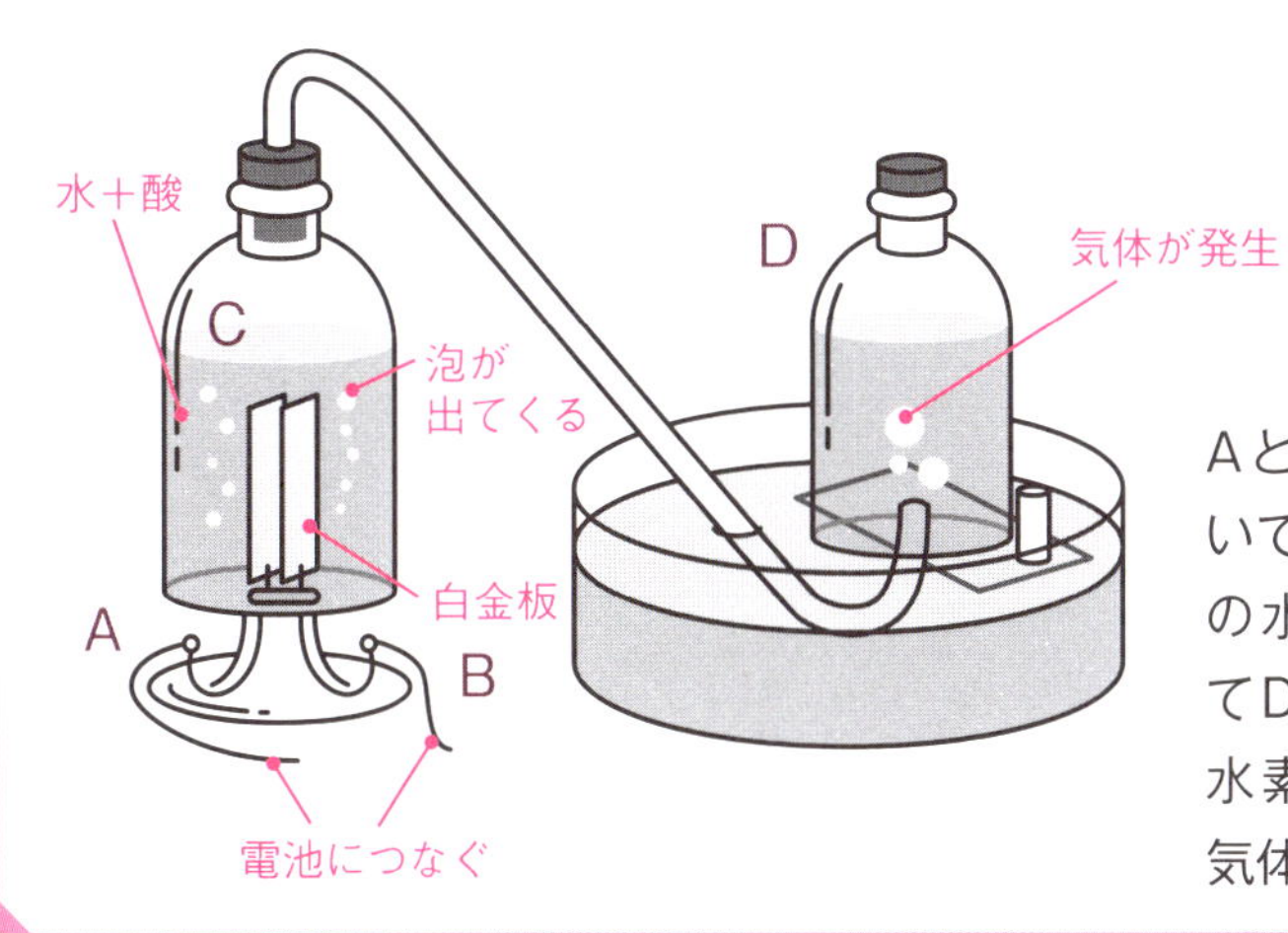

AとBを電池につないで電気を流し、Cの水を電気分解してDの捕集ビンに水素と酸素の混合気体を集めます。

考察

二酸化マンガンを使って酸素を生じさせる
空気から酸素は取り出せるのか？

大気中に酸素があるから ロウソクは燃えることができる

水の電気分解によって、水分子が水素原子と酸素原子からできていることがわかりましたが、ファラデーは酸素の特性について次のように述べています。

「**ロウソクが空気中で燃えるのは、大気中に酸素があるからです。もし酸素がなければ、ロウソクを燃やして水を作ることはできません**」

そしてファラデーは、元素のひとつ、マンガンの酸化物である二酸化マンガンを使って、空気から酸素を分離させる方法についても説明しています。

「二酸化マンガンは真っ黒な物質で、赤熱（せきねつ）（赤くなるまで熱する）すると酸素を生じます。これに、漂白や花火などに用いられる塩素酸カリウムを混ぜると、二酸化マンガンだけのときよりも低い温度で酸素を取り出すことができます。発生した酸素をビンに集め、その中にロウソクを入れると、通常の空気中にあるときよりも激しく、輝くように燃えます」

ちなみに、現代の学校教育では、過酸化水素水に二酸化マンガンを触媒として混ぜ、そこから酸素を発生させる実験が行われています。

水素原子と酸素原子で構成される水分子

水素と酸素を別々に集める

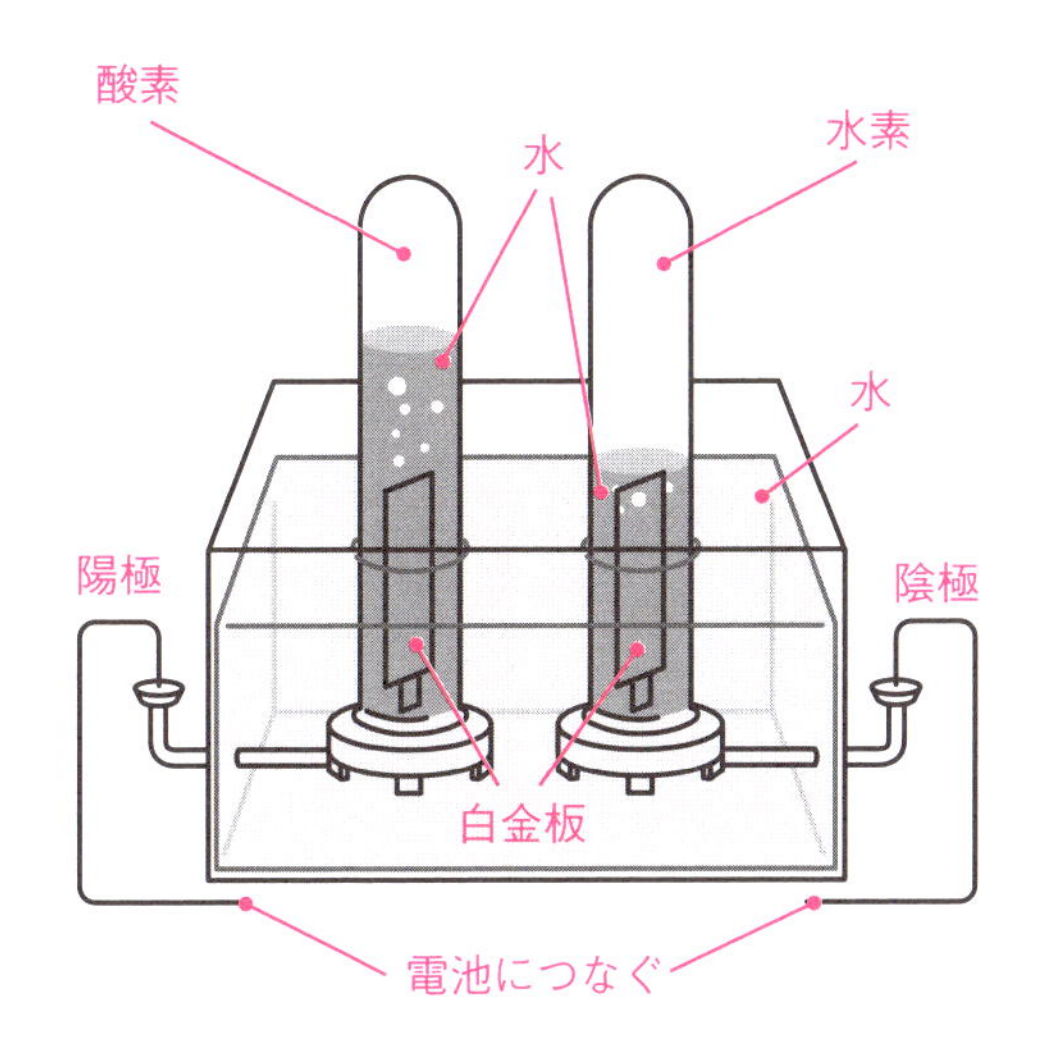

P68の陽極側から発生する気体と、陰極側から発生する気体を別々に集める実験の図。陰極側から発生する気体（水素）の量が、陽極側の気体（酸素）の倍であることがわかります。

二酸化マンガンを触媒とした分解

塩素酸カリウムの分解

$$2KClO_3 \rightarrow 2KCl + 3O_2$$

塩素酸カリウム　→　塩化カリウム　酸素

過酸化水素水の分解

$$2H_2O_2 \rightarrow 2H_2O + O_2$$

過酸化水素水　→　水　酸素

ファラデーは塩素酸カリウムを使って酸素を生じさせていますが、現在は、過酸化水素水を二酸化マンガンと反応させて酸素を発生させる実験がよく行われています。ちなみに、二酸化マンガン（MnO_2）は触媒として働くので、それ自体は変化しません。

考察

鉄さえも激しく燃やす燃焼力

酸素の燃焼力はどのくらいなのか？

密閉空間では酸素があれば燃え尽きるまで燃え続ける

水を構成する水素と酸素にはさまざまな違いがありますが、最も大きく異なるのはそれぞれの質量です。**水を作る水素と酸素の質量比は1：8で、酸素は水素に比べると非常に重いです。**一方で、水素と酸素を別々に発生させた実験でもわかっていますが、水素と酸素の体積比は1：2になっています。

また、ファラデーは酸素の燃焼力について次のように述べています。

「例えば、鉄は空気中でも燃えますが、激しくはありません。ところが、酸素が入ったビンに入れると強い光を発して燃えさかります。この光は、ボルタ電池の針金の先を接触させたときの光に似ています。そして、鉄の燃焼はビンの中にある酸素が尽きるか、鉄が燃え尽きるまで続きます。このような現象を見ると、酸素の燃焼作用がいかに激しいかがわかると思います」

このように、酸素の入ったビンの中にロウソクを入れたときも激しく燃えますが、そこでできるものは、空気中で燃えてできるものと変わりません。燃焼の過程で水が作られ、ビンの内部に水滴がついて曇っていくのです。

すさまじい酸素の燃焼力

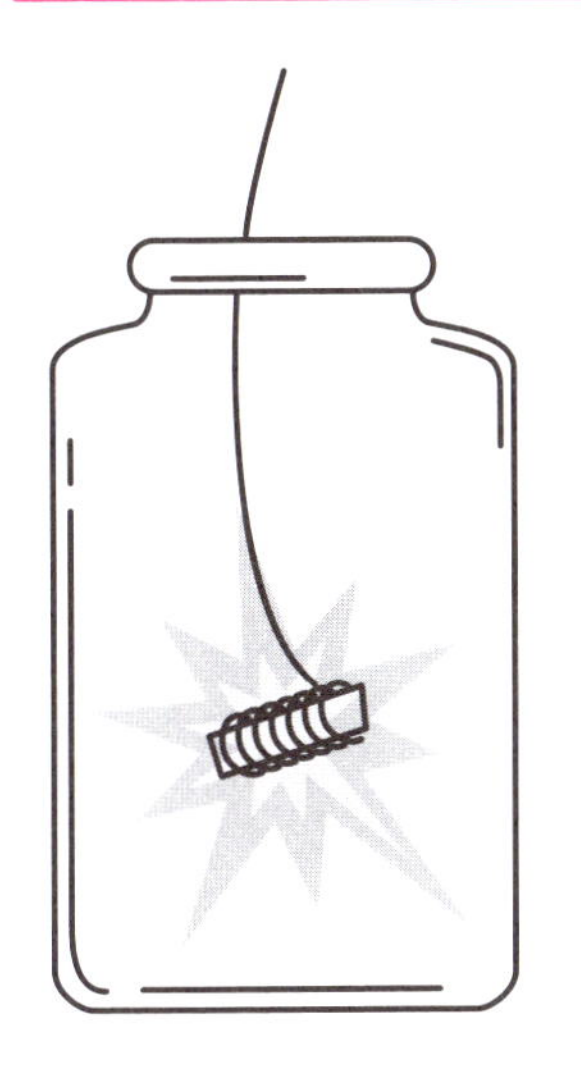

空気中で鉄線を巻きつけた木片に火をつけ、酸素が入ったビンの中に入れると、鉄が激しく燃えます。酸素の補給がなくなるか、鉄がなくなるまで燃焼を続けます。

水を構成する原子の質量比

例えば、水素1gで水を作るときは、酸素8gが必要ということになります。化合物を構成する成分元素の質量比はつねに一定ですが、この法則を「定比例の法則」といいます。

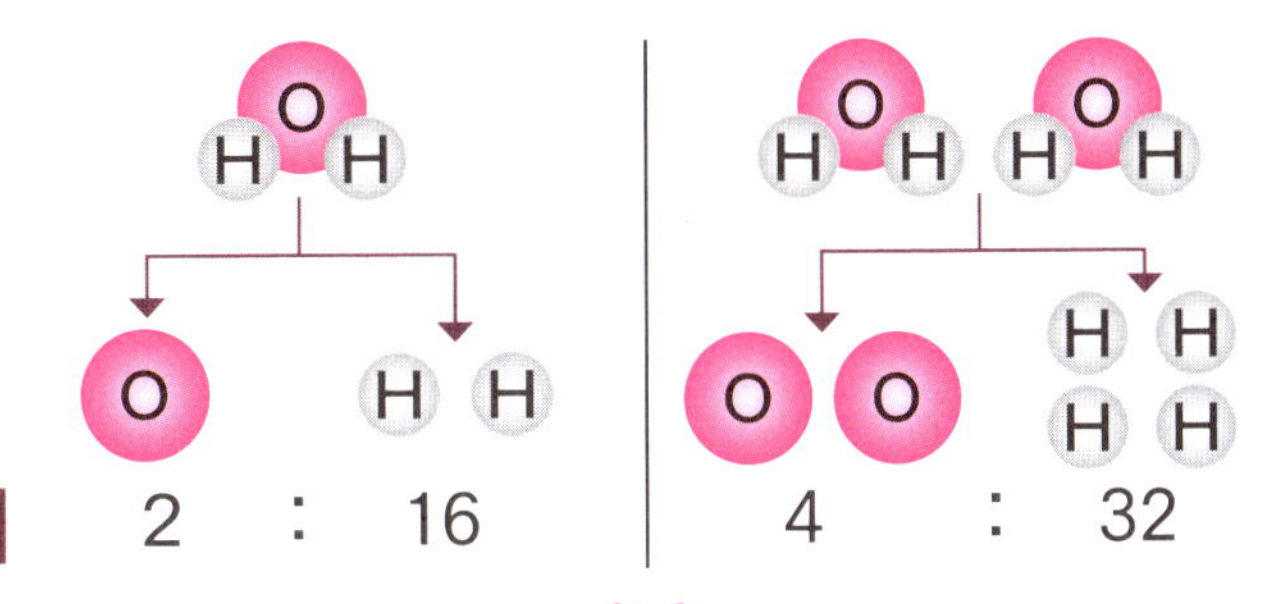

原子量の比

水素：酸素＝1：8

コラム 2

『ロウソクの科学』に影響を受けた人々

1861年に刊行されて以来、世界各国で翻訳され、青少年の理科教育に多大な影響を及ぼしてきたマイケル・ファラデー著の『ロウソクの科学』。**サイエンスの真髄に触れる入門書として、日本でも広く読み継がれてきました**。

なかでも、リチウムイオン電池開発の功績で2019年にノーベル化学賞を受賞した吉野彰氏（旭化成名誉フェロー）は、「化学に興味を持つきっかけになった本」として、『ロウソクの科学』を挙げています。1933年に矢島祐利氏が翻訳して刊行された岩波文庫版の『ロウソクの科学』は、途中で改訳したり、付録を充実させながら、現在は新旧版累計73万部まで発行されています。

また、「オートファジー（細胞の自食作用）のしくみの解明」に対して、ノーベル生理学・医学賞を受賞した大隅良典氏（東京工業大学栄誉教授）も、自身の原点として『ロウソクの科学』を挙げています。12歳年上の兄から同書を贈られて読み、自然科学者の道を志すようになったそうです。大隅氏がノーベル賞を受賞したときにも『ロウソクの科学』の注目が高まり、インターネット書店Amazonでは、他のあらゆる本を抑えて、同書が本の総合ランキングで1位となったほどです。

さらに、理系出身の作家である池澤夏樹氏も、オススメの科学書として『ロウソクの科学』を挙げています。池澤氏はファラデーを「科学全体の条件が整ったブレイクスルーの時期に登場した天才」と評し、「流れの作り方が上手いし、話術も巧み」と述べています。

第5章

目に見えない空気を捉えよう

考察

空気と酸素にはどんな違いがあるのか？

空気中に酸素があるのに燃え方が違うのはなぜ？

一酸化窒素を使って酸素の濃度を確かめる

第4章では、ロウソクを燃焼させて発生させた水から水素と酸素が得られることがわかりましたが、4回目の講演の最後に、ファラデーは次のような疑問を投げかけてきました。

「皆さんご存じの通り、水素は水から、酸素は空気から出てきますが、そうなると、『空気中に酸素があるのに、どうして空気中と酸素中では燃え方が違うのだろう？』と思ってしまうのではないでしょうか。そこで、次回の講演では空気と酸素の違いがわかる実験を行いたいと思います」

酸素が充満しているビンの中に火をつけたロウソクを入れると、ロウソクは激しい炎を上げて燃焼しました。しかし、私たちが普段暮らしている日常において、ロウソクがそのような燃え方をする光景を見ることはまずありません。私たちが普段吸っている空気中には酸素が含まれているにもかかわらずです。つまり、空気中には酸素の他にも何かしらの成分が含まれており、それが酸素だけのときのような激しい燃焼を妨げていると仮定できます。

そして迎えた5回目の講演で、ファラデーはそれを示

酸素と一酸化窒素の反応

酸素との反応

$$2NO + O_2 \rightarrow 2NO_2$$

一酸化窒素　酸素　二酸化窒素

さらに水に溶かした場合

$$2NO_2 + H_2O \rightarrow HNO_3 + HNO_2$$

二酸化窒素　水　硝酸　亜硝酸

一酸化窒素が酸素と反応すると、赤褐色の二酸化窒素になります。二酸化窒素は水に溶けやすく、溶けると無色になるので、二酸化窒素が入ったガラスビンに水を入れてよく振ると、ビンの中の色が赤褐色から無色透明に変化します。

すため、2つのビンを使って実験を行います。

「2つのビンの中には、それぞれ酸素と一酸化窒素が入っています。この気体を混ぜ合わせると、無色透明だった気体は赤褐色の二酸化窒素になりました。一酸化窒素には、その空間に酸素があるかどうかを確かめる機能があるのです」

続いて、ファラデーは一酸化窒素を空気と反応させます。すると、同じように無色透明の気体が赤褐色になりました。これにより、空気中にも酸素があることが確認できたのですが、赤褐色の色合いはこちらのほうが薄いです。つまり、「**空気中にも酸素は含まれているけれど、その濃度は爆発的に火を燃やすほどではない**」ということになります。

空気中には酸素とは別の気体があって、酸素の働きを弱めているのです。

まとめ

空気中に含まれている酸素の濃度は100%ではないので、爆発的な燃え方はしない。

分析

窒素はどのような働きをしているのか？

窒素は「面白い物質」なのか

空気の大部分を占めるけれどこれといった特徴がない窒素

ファラデーは、空気中に含まれている酸素とは別の気体について、このように述べています。

「私たちが普段吸っている**空気は、ものを燃やす『酸素』と、燃やす力がない『窒素』で構成されています。**窒素は空気の大部分を占めていますが、水素のようにポッと爆発して燃えることがないですし、酸素のように勢いよく燃焼することもありません。それどころか、燃えているものを消してしまいます。そのため、皆さんは『つまらない』と思うかもしれません」

確かに、**窒素はにおいがなく、酸っぱくもなく、水にも溶けません。酸でもアルカリでもありません。つまり、この気体はないも同然**なのですが、窒素が空気の大部分を占めているのは、じつは私たちが生きていくうえで非常に大事です。それゆえ、ファラデーは窒素を「面白い物質」と表現しています。

「酸素が入ったビンに鉄線を入れた実験では、ビンの中の酸素が尽きるか、鉄が燃え尽きるまで燃焼をやめませんでした。仮に大気のほとんどが酸素だったら、あのような現象が至るところで発生してしまいます。そうなる

現在の地球大気の組成

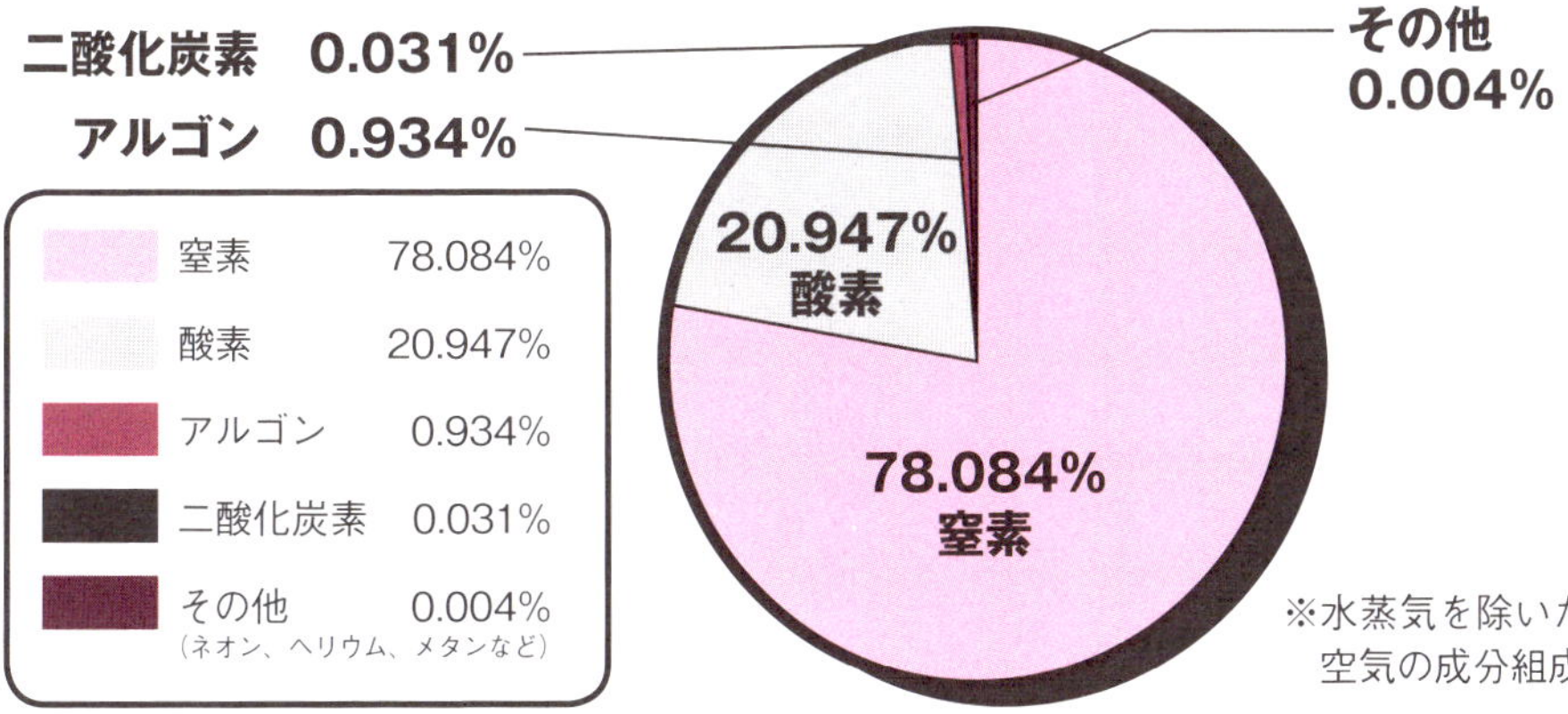

二酸化炭素 0.031%
アルゴン 0.934%
その他 0.004%
20.947% 酸素
78.084% 窒素
窒素 78.084%
酸素 20.947%
アルゴン 0.934%
二酸化炭素 0.031%
その他 0.004%
（ネオン、ヘリウム、メタンなど）

※水蒸気を除いた空気の成分組成

※kikakurui.com『JIS W 0201:1990 標準大気』の「海面近くの清浄な乾燥空気の組成」より作成

二酸化炭素の量は場所や時間帯によって変わりますが、窒素・酸素・アルゴンの割合は、高度20km以下だと比率がほとんど変わりません。ちなみに、金星や火星の大気は、二酸化炭素が約95%を占めています。

と、誰もが火を使うのをためらいますが、それでは人の生活は成り立ちません。しかし、**燃えているものを消そうとする窒素が空気の大部分を占めているおかげで、酸素の燃焼力は抑制されます。その結果、火は私たちの生活に役立ってくれている**のです」

窒素は反応性が低い元素で、非常に強力な電気の力を働かせても、大気中の他の成分とわずかに化合する程度の反応しかしません。しかし、これだけ**不活発だからこそ、逆にいえば安全な物質といえる**のです。

空気の成分表を見ると、窒素の体積は酸素の4倍もあります。これについてファラデーは、「窒素は、火やロウソクが適切に燃えるようにするだけでなく、酸素を私たちの呼吸が適するようにしています。私たちの肺が安全に呼吸できる大気にするためには、これだけ多くの窒素が必要なのです」と述べています。

まとめ

空気中の大部分を窒素が占めていることで酸素の働きが弱められ、ロウソクもよい具合で燃える。

考察

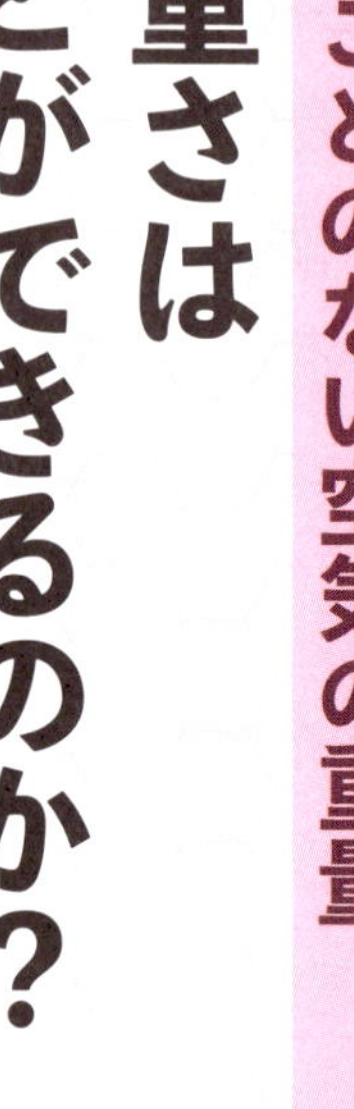

日頃感じることのない空気の重量
空気の重さは測ることができるのか?

空気にも重さがあることを実感する

私たちは空気の重さを感じることはありませんが、空気にも重さがあります。温度や湿度にもよりますが、標準空気(20℃、湿度65%、1気圧)の1ℓの重さは、約1・2gです。

さて、ファラデーは気体の重さの測り方についても説明しています。まずは用意した銅製の容器を天秤にかけ、反対側の皿に載せた分銅と釣り合わせます。次にポンプを使って容器内に空気を押し込め、その後に容器を天秤に載せると、容器が下に傾きました。これは、空気がたくさん入ったことで重くなったのです。

次に、空気を入れた容器と水が入ったビンをつないでコックを開けると、押し込められた空気はビンのほうへ向かいます。そして、もう一度容器を天秤に載せると再び釣り合います。このとき生じた差が、ポンプで押し込んだときに詰め込んだ空気の重さなのです。

ファラデーは、講演が行われている部屋の空気の重さも計算しました。900名以上の聴衆がいた大きな半円形の階段講堂ですが、何と1トン以上も空気があったそうです。

空気の重さを測る

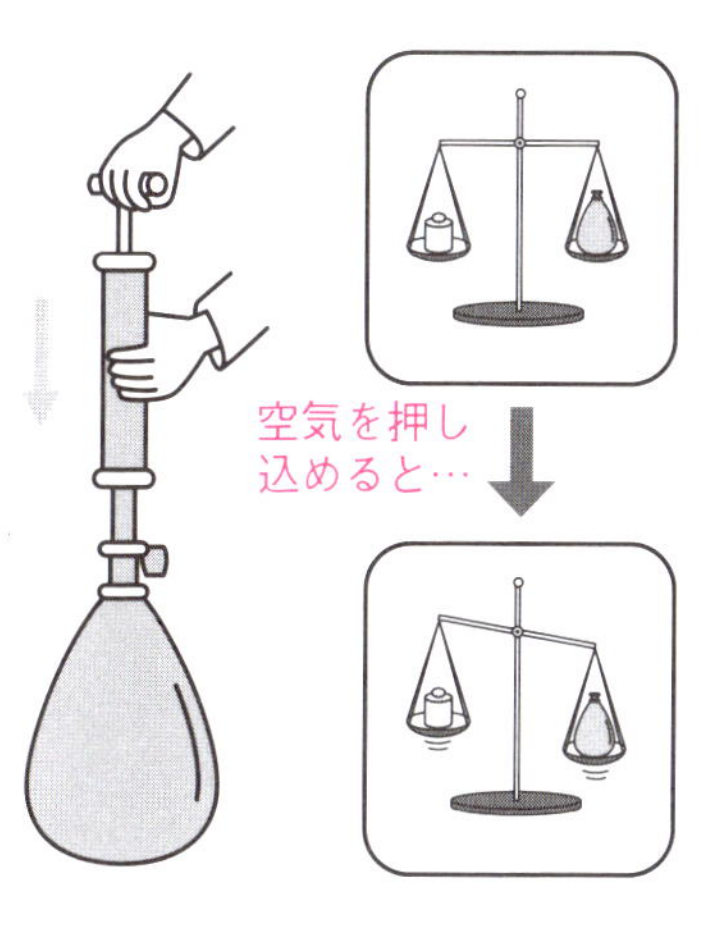

❶ポンプで空気を押し込める

銅製の容器を、まずは栓を開けた状態で天秤に載せます。重りと釣り合わせたあと、ポンプを20回動かして容器内に空気を入れます。その後、栓を閉めてから再び天秤に載せると、容器を載せた皿はずいぶんと下がります。

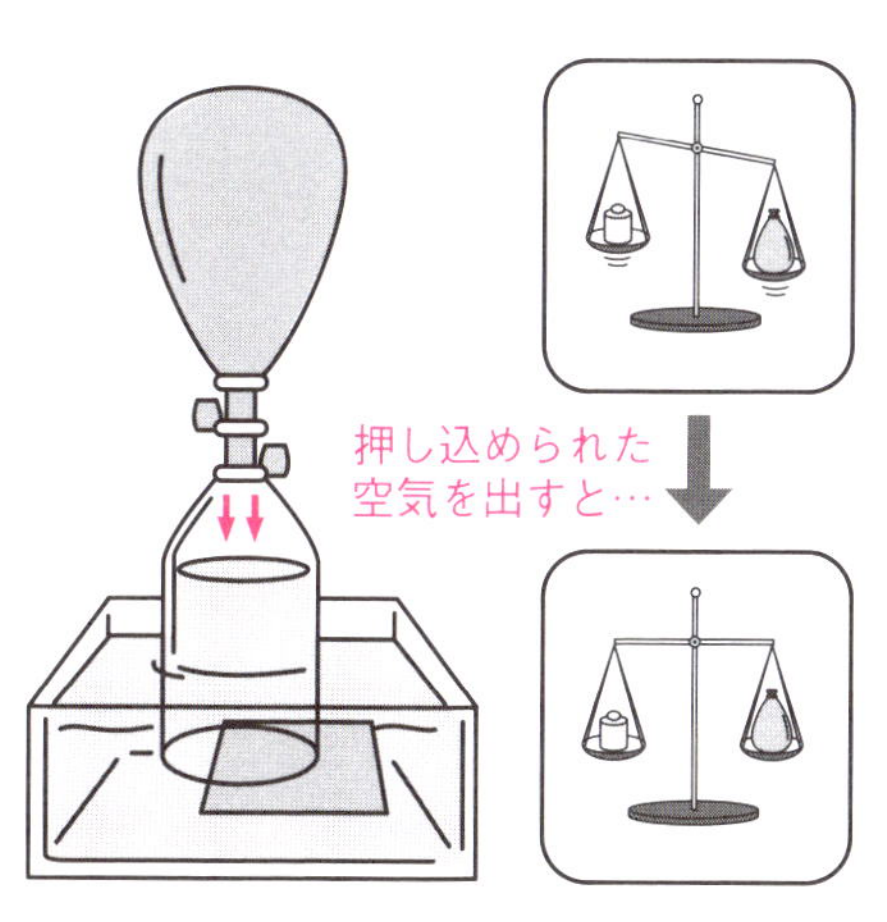

❷押し込められた空気を出す

空気を押し込んだ銅製の容器を、水の詰まったガラス容器とつなぎ合わせます。押し込められた空気はガラス容器に移り、その後にもう一度容器を天秤に載せると釣り合います。

天秤が傾いたときの重さ－釣り合ったときの重さ
＝詰め込んだ空気の重さ

考察

意外とすごかった空気の重み
空気の重さはどれぐらいなのか?

上から押しつけている空気の重みを体感する

続いてファラデーは、空気の重さがどのような結果をもたらすのかを示す実験を行います。

「空気ポンプの入り口に手を置いてから空気を抜くと、手が張りついてしまいました。これは、手の上にある空気の重さのせいで生じる現象です。もうひとつ、実験をしてみましょう」

そう言ってファラデーが用意したのは、半透明の薄い膜をかぶせたガラスの筒です。下に取りつけたポンプを使って空気を抜くと、大きな音をたてて膜が破れてしまいました。これも、上から押しつけている空気の重みのせいで生じたものです。

なぜこのような現象が起きたのか? ファラデーは、5つの立方体を使って説明します。

「一番下の立方体を外すと、当然ながら上の4つは落ちてきます。空気もこれと同じで、上の空気は下の空気によって支えられています。そのため、下の空気をポンプなどで抜いてしまうと上の空気を支えられなくなり、ポンプの上に載せた手が離れなくなったり、膜が破れたりするのです」

空気の重さを確かめるファラデーの実験

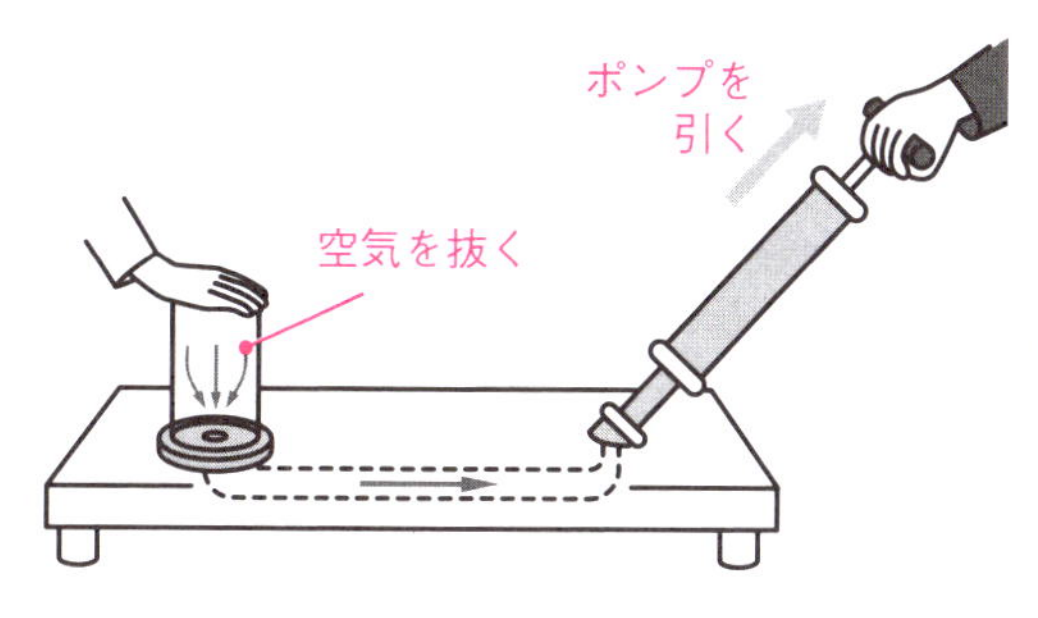

空気ポンプの入り口に手を当てたあと、ポンプを引いて空気を出します。すると手がくっついてしまい、はがすことができなくなりました。

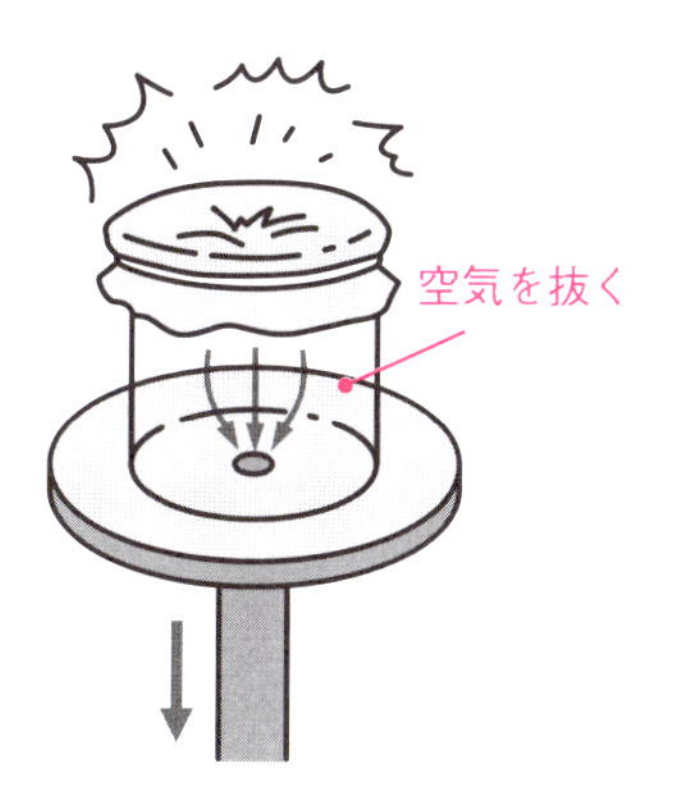

ガラス筒の中の空気をポンプで抜くと、平らだった膜がどんどん下がり、最終的には大きな音をたてて破れてしまいます。

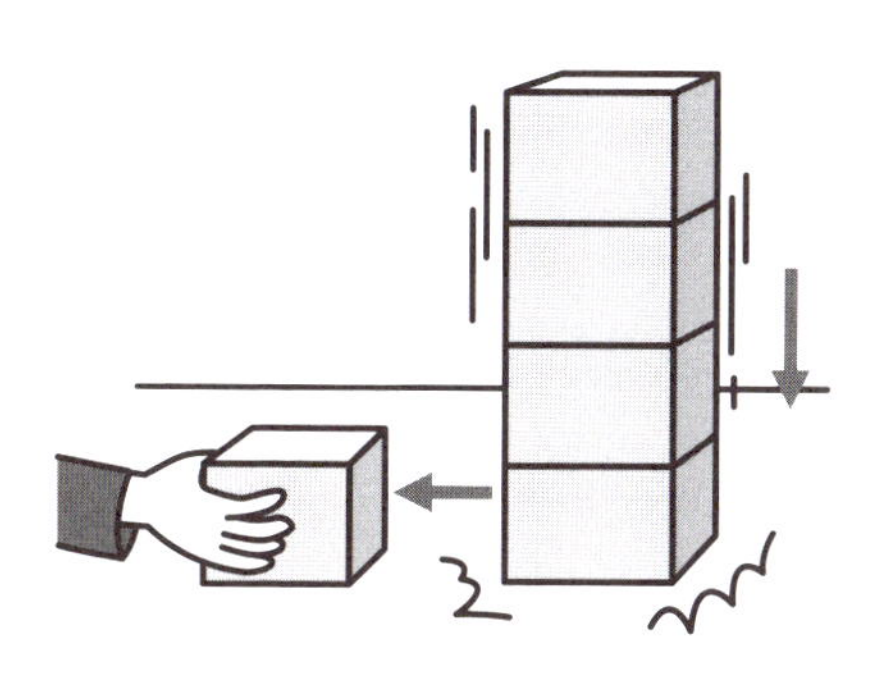

積み上げた立方体の一番下を取り除くと、上の立方体は落ちてきます。これと同じで、空気も下側の空気を抜くと、上にある空気の「大きくて強い力」が下に押し寄せます。

分析

空気にはどのような力が秘められているのか？

空気の圧縮性や弾性などの特性を確かめる

空気に圧力をかけても体積はゼロにならない

下の空気を抜くことで、上にある空気が大きくて強いことがわかりましたが、さらにファラデーは、ゴム製の吸盤を手に取って次のように語ります。

「吸盤をテーブルにくっつけたあと、引っ張って取ろうとしてもなかなか取れません。これも、吸盤の上にある大気の圧力によって押しつけられているだけです」

次に、ファラデーは水を入れたコップにカードを載せ、全体をひっくり返します。するとカードは落ちず、水もこぼれませんでした。これも、大気の圧力でカードが押しつけられて起きた現象のひとつです。

また、空気はある程度圧縮できますが、必ず元に戻ろうとします。それは、ストローとジャガイモで簡単に作れる「ジャガイモ鉄砲」（90ページで紹介）でも体感することができます。

この**空気の弾性（だんせい）という性質は、空気中に窒素や酸素といった気体があるから生まれるものです。どんなに圧力をかけても気体の分子は存在したままなので、空気の体積もゼロにはならず、やがて元通りになろうとするのです。**

大気圧の力を実感する

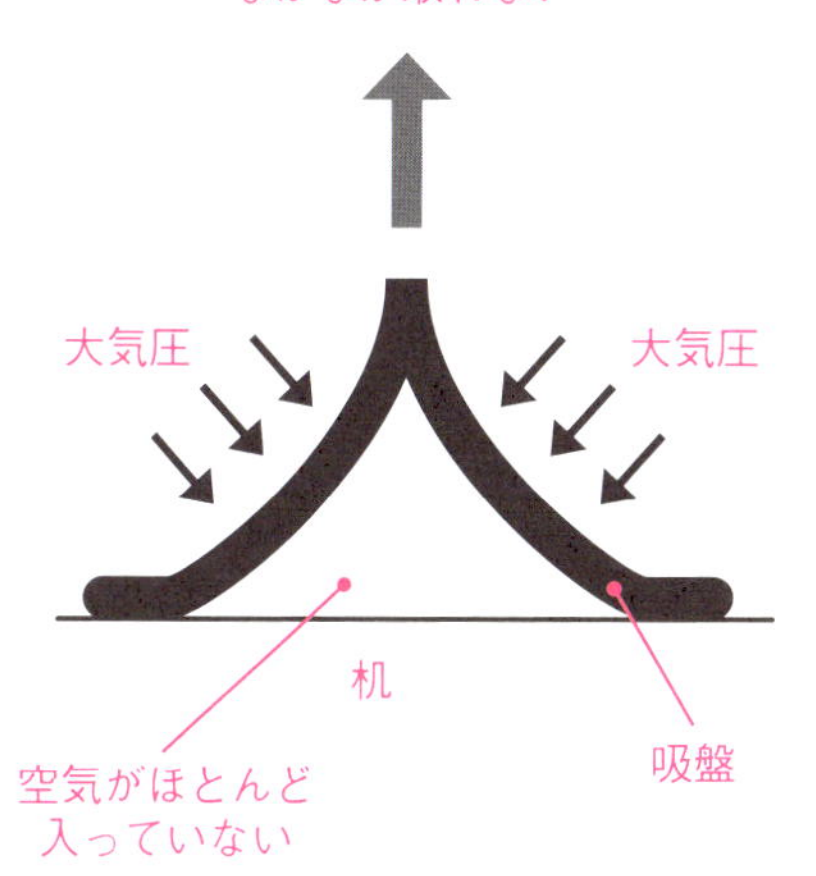

ゴム製の吸盤を机にくっつける

吸盤を平らな机に押し当てると、机と吸盤の間の空気がなくなります。中央の空洞部分は空気がなくなるので、外側から大気圧によって抑えつけられます。そして、引っ張ってもなかなか取れなくなります。

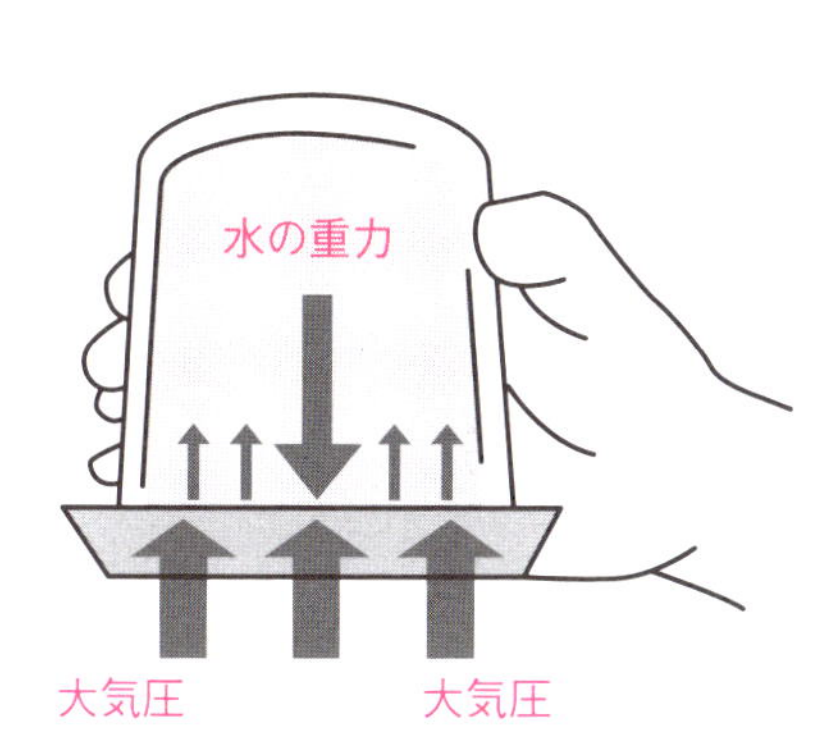

水の入ったコップをひっくり返す

水を入れてカードを載せたコップをひっくり返しても、カードの下から大気圧によって押し上げられ、不思議なことに水はこぼれなくなります。

考察

炎が消える気体

ロウソクの燃焼でできるもうひとつの気体は何か？

そう言ってファラデーは、火のついたロウソクの上にガラス容器をかぶせました。しばらく経つと内側が湿ってきますが、これはロウソクの成分である水素と空気中の成分である酸素が働いて生じた水です。これ以外にも排気口から何かが出ていますが、火を近づけると消えてしまいます。

この気体が入ったビンの中に石灰水を入れると、たちまち白く濁り(にご)ました。これは、ロウソクから発生したもうひとつの気体が二酸化炭素（炭酸ガス）であることを示しています。酸素や窒素は石灰水を入れても変化せず、透明なままだからです。

ロウソクから発生した気体は石灰水を加えると白く濁る

さまざまな実験によって、空気には重さがあり、弾性があることが明らかになりました。ここからファラデーは話題を変えて、ロウソクを燃焼させることで生じる「もうひとつの気体」に関する説明をします。

「前にロウソクを燃やしたときには水と煤(すす)が出たことを確認しましたが、それ以外は空中に逃してしまいました。そこで前回の燃焼で逃したものを、実験によって集めてみたいと思います」

ロウソクからもうひとつの気体を取り出す

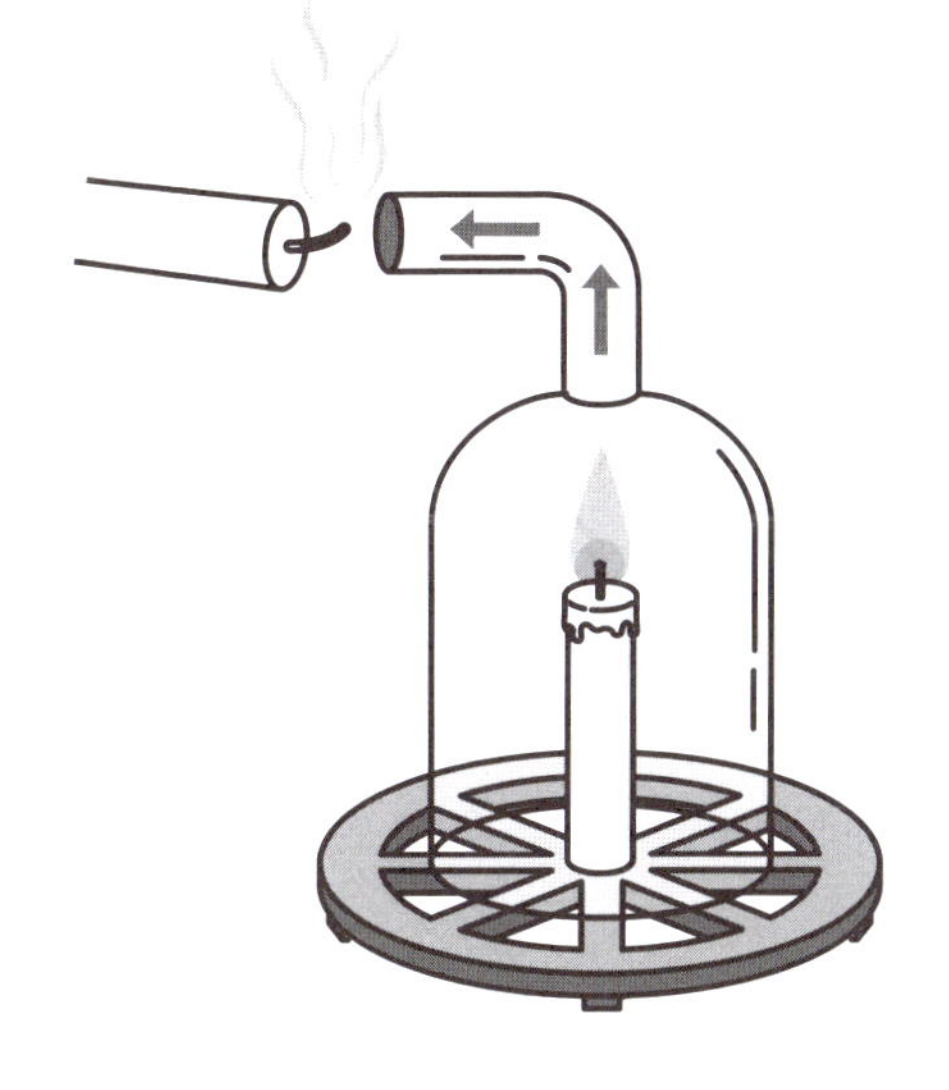

上には排気口があり、下の部分は隙間が空いていて、空気は自由に出入りできるしくみになっています。ロウソクが燃えたあとに生じた「もうひとつの気体」が排気口から出てきますが、火を近づけると消えてしまいました。

石灰水と二酸化炭素（炭酸ガス）の反応

$$Ca(OH)_2 + CO_2 \rightarrow CaCO_3 + H_2O$$

石灰水　二酸化炭素　炭酸カルシウム　水

二酸化炭素（炭酸ガス）が入ったビンの中に石灰水を加えると、炭酸カルシウムが発生し、透明な石灰水が牛乳のように白く濁ります。一方で、酸素や窒素に石灰水を加えたときは変化が生じません。

考察

大理石の中から二酸化炭素を取り出す

二酸化炭素（炭酸ガス）はどのような物質なのか？

二酸化炭素は水に溶けにくく石灰岩に多く含まれている

石灰水を使ってロウソクから二酸化炭素（炭酸ガス）が出てくるのが確認できたあと、ファラデーはチョークを手に取りながら説明を付け加えます。

「**二酸化炭素は、すべての石灰岩にたくさん含まれています。貝殻やサンゴ、そしてこのチョークなど、固体に変わった形で多く含んでいるので、二酸化炭素は『固定気体』とも呼ばれています**」

また、ファラデーは大理石の中に固定された二酸化炭素を取り出す実験も見せています。

塩酸の中に大理石の欠片を入れると、二酸化炭素の泡がブクブクと出てきます。この容器に火を近づけると消えてしまうので、二酸化炭素が燃えない物質であることもわかりました。また、水を通しても集められるので、水にもあまり溶けません。ただし、完全に溶けないわけではなく、泡となって水の中を通っていく過程で少量の二酸化炭素が溶けます。

ちなみに、ジュースなどに使われる炭酸水にも、二酸化炭素（炭酸ガス）が含まれています。胃の中でガスの気泡が拡大するので、満腹感が得やすいです。

二酸化炭素（炭酸ガス）を多く含む固体

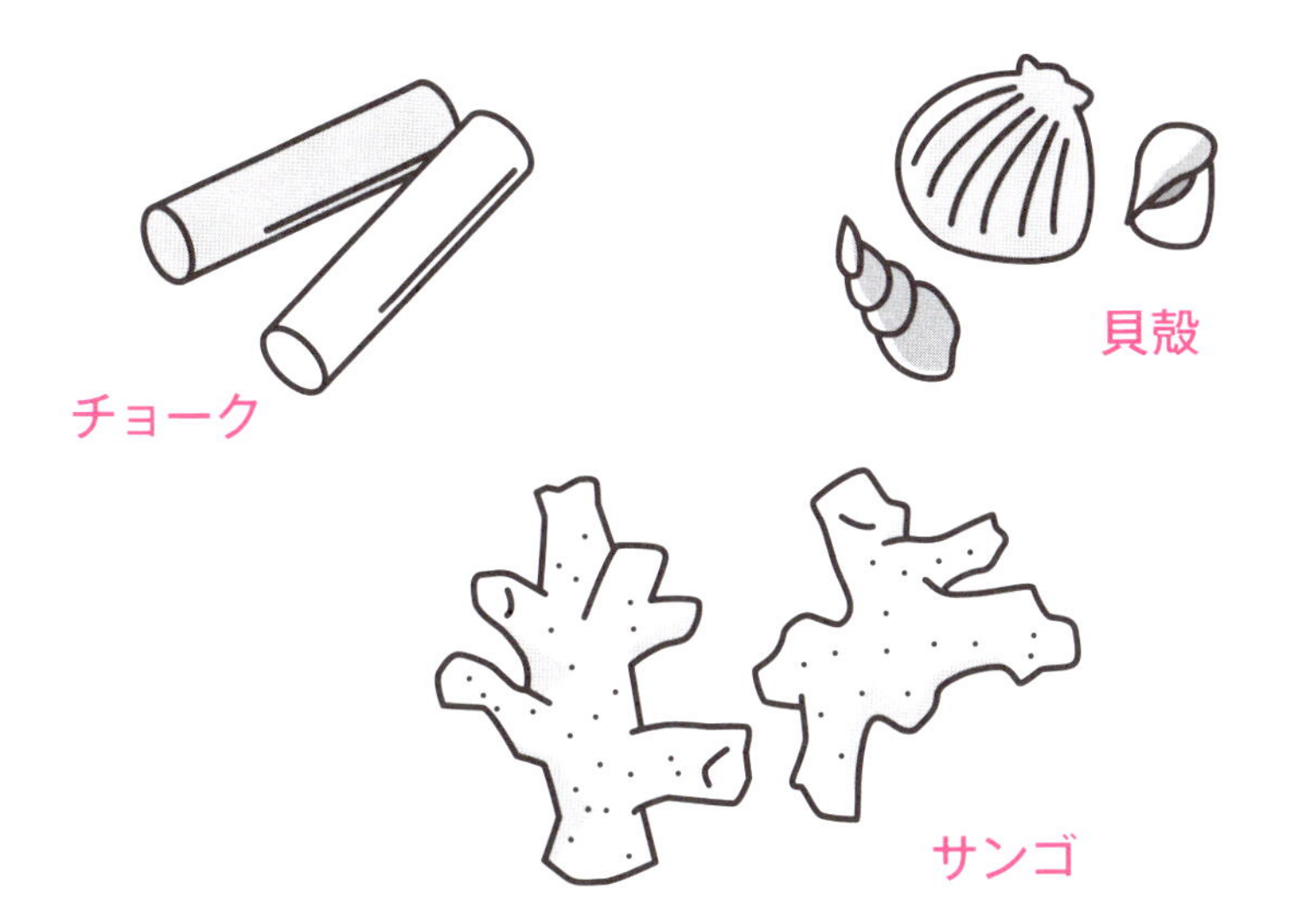

石灰岩は、太古の海に生息していた生物の殻が堆積・沈殿したもの。貝殻やサンゴにも二酸化炭素が大量に含まれていますが、これらは海の中で取り込んだものです。また、石灰を少し取って水を加え、ろ紙でこすと無色透明の石灰水になります。

大理石と塩酸の反応

$$CaCO_3 + 2HCl \rightarrow CaCl_2 + H_2O + CO_2$$

炭酸カルシウム（大理石）　塩酸　塩化カルシウム　水　二酸化炭素

大理石（炭酸カルシウム）に塩酸を反応させると、二酸化炭素（炭酸ガス）が発生して溶けます。大理石は、磨いて新しい面を出すことで光沢を再生できますが、酸に溶けやすいので酸洗いは避けてください。

ジャガイモ鉄砲を作る

空気はある程度圧縮できますが、やがて元に戻ろうとします。空気の力でジャガイモの“弾丸”を飛ばす「ジャガイモ鉄砲」を使えば、この空気の性質を体感することができます。

用意するもの

ジャガイモ、包丁、まな板、太めのストロー、細めのストロー

ジャガイモではなく、リンゴを使ってもOK。

手順

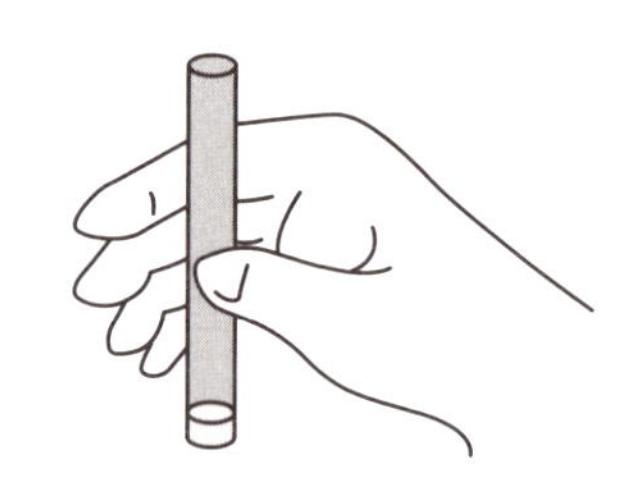

1 ジャガイモを輪切りにする

包丁を使って、厚さ1cm程度の輪切りにします。

2 太めのストローを切る

7～8cm程度の長さに切ります。

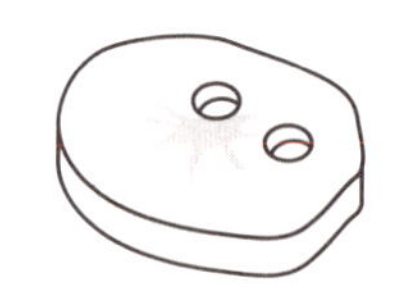

3 2をジャガイモに突き刺す

切ったストローを輪切りにしたジャガイモに突き刺し、ジャガイモの弾丸を作ります。そして、反対側のストローの端にもジャガイモを突き刺します。ストローの横を持って突き刺すとストローが折れやすいので、反対側を指で押さえて突き刺すのがポイント。

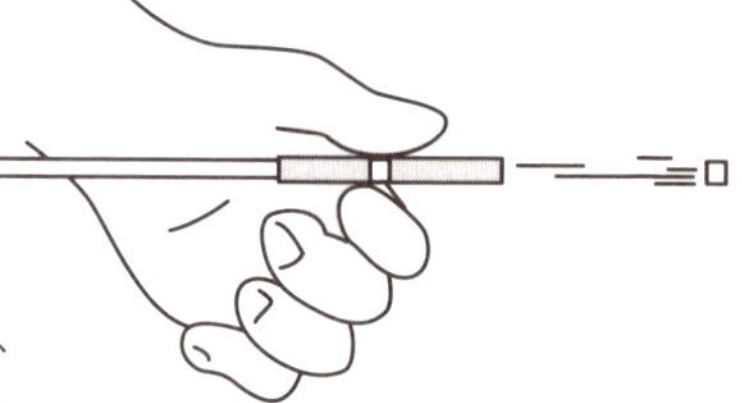

4 ジャガイモの弾丸を飛ばす

細いストローを使って片方のジャガイモを押すと、空気の力で反対側のジャガイモが飛んでいきます。

石灰水を作る

二酸化炭素（炭酸ガス）の存在を確かめるのに役立つ石灰水は、自分で作ることができます。ただし、目に入ると危険なので、取り扱いには気をつけましょう。

用意するもの

石灰乾燥剤（生石灰または CaO と表記されているもの）、ペットボトル、カップ

新しい石灰乾燥剤は水に濡らすと発熱するので、注意が必要です。

手順

1 石灰乾燥剤をペットボトルに入れる

石灰乾燥剤が手につかないよう、気をつけながら入れてください。

2 ペットボトルに水を加え、ふたを閉めてよく振る

水が白く濁るまで振り、その後は液が透明になるまで置いておきます。

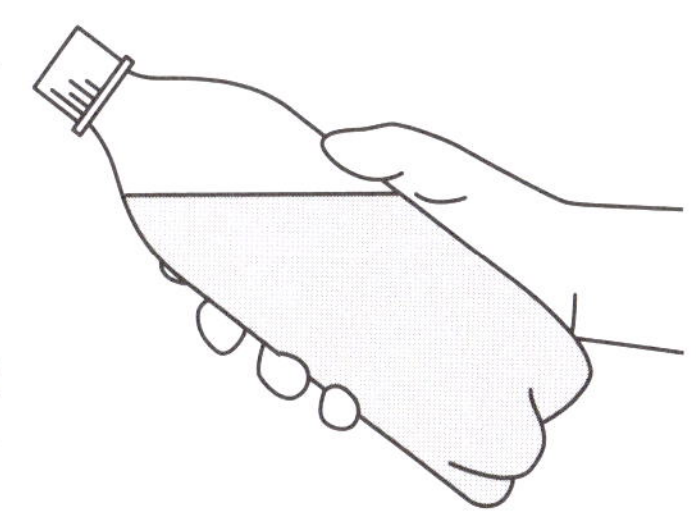

3 透明になった水をカップに移す

この水に炭酸水を加えると、中に含まれている二酸化炭素と反応して再び白く濁ります。また、ストローで息を吹き込んでも白く濁ります。

科学を伝えたファラデー

『ロウソクの科学』の著者であるマイケル・ファラデーは偉大なる科学者であると同時に、科学の魅力を伝えることにも長けた人物でした。

講演を行うときは単に語るだけでなく、実際に目の前で実験を行い、集まった人々の耳だけでなく、目にも訴えることを心がけました。また、落ち着いてゆっくりと話すための発声の技術を身につけたほか、思っていることや言いたいことを単純で易しい言葉で表す努力も惜しみませんでした。

ファラデーが「伝えること」に力を注いだのは、「科学者にとっては、科学は計り知れない魅力があるものだが、残念ながら一般の人々は、その道に花が咲き乱れていないと、1時間でもついてきてくれない」という危機感があったからです。現代では、ユニークな科学実験をYouTubeなどにアップして人気を博す人も増えていますが、ファラデーはその先駆者だったといえます。

ちなみに、『ロウソクの科学』のもとになったファラデーの講演は、イギリス王立研究所が「クリスマス・レクチャー」として行ったものです。1825年に開催されて以来、第二次世界大戦中を除いて毎年開催されてきました。クリスマスの季節に「子どもたちへのプレゼント」として開かれていることから、この名がついています。ただし、実際には科学に興味を持つ大人もたくさん聴きに来ています。

ファラデー以外には、「フレミングの法則」で知られるジョン・フレミングや、ネジの理論の著作で知られるロバート・スタウェル・ボールなども、クリスマス・レクチャーで講演を行っています。

第6章

私たちの体内で起こる「ロウソクの燃焼」と同じ現象とは？

考察

空気よりも重い二酸化炭素の正体

二酸化炭素の性質はどうなっているのか？

炎を明るくして二酸化炭素になる炭素

二酸化炭素（炭酸ガス）は水素や酸素、窒素よりも重い気体です。例えば、火のついたロウソクが入ったコップの中に二酸化炭素が入った容器を傾け、二酸化炭素を流し込むと、ロウソクの火は消えてしまいました。コップの中に石灰水を入れると白く濁るので、この中に二酸化炭素があることがわかります。

そして最終回の講演では、二酸化炭素の性質がどうなっているのかについて、ファラデーは海綿(かいめん)を使って説明しています。

「海綿にテレピン油を染み込ませたものに火をつけると、煙（炭素）が立ちのぼります。一方、酸素で満たした容器の中に入れると、煙は出なくなりました。これは、先ほどは煙として出ていた炭素が、酸素が満たされた環境下では炎の中で完全に燃えているからです」

酸素や空気中で燃えた炭素は炎を明るくし、二酸化炭素になります。これは炭素が酸素と結びつき、二酸化炭素が生成されることを示しています。しかし、燃焼するのに必要な酸素が十分でないときは、二酸化炭素にはなりません。余った炭素は、粒のまま燃え残ります。

炭素と酸素の結びつきで生まれる二酸化炭素

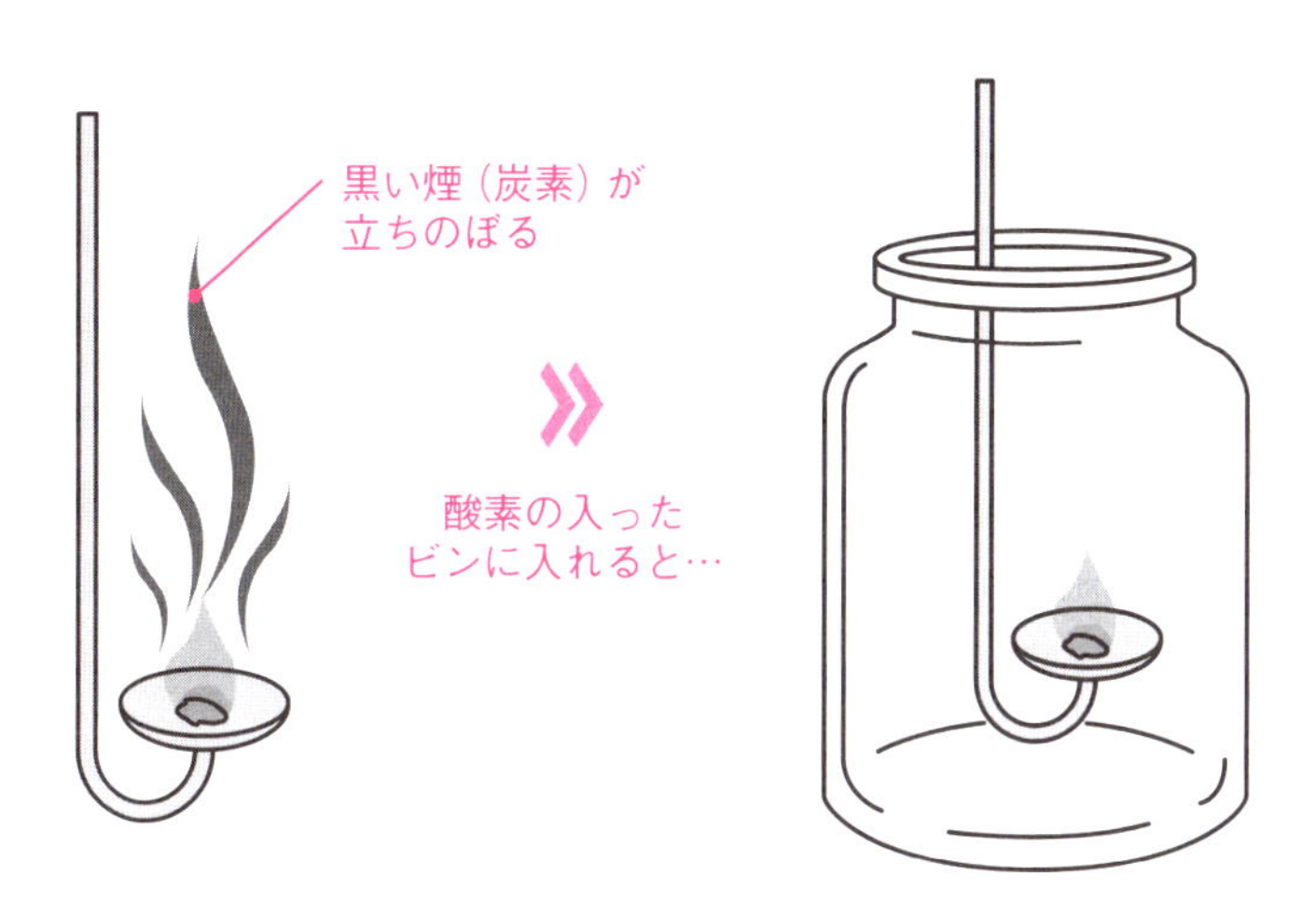

海綿（モクヨクカイメンの組織を乾燥させたもの）にテレピン油（松ヤニから得られる揮発性の精油）を染み込ませて火をつけると、酸素不足で炭素が燃え尽きず、黒い煙となって立ちのぼります。一方、酸素で満たされた容器の中に入れると、煙は出なくなります。

空気より重い二酸化炭素

二酸化炭素（炭酸ガス）は、空気よりも重いです。ただし、さまざまな現象によって空気中の気体は混ざり合うので、二酸化炭素が下にたまって息が苦しくなるということにはなりません。

気体1ℓあたりの重さ	
水素	0.09g
酸素	1.43g
窒素	1.25g
空気	1.29g
二酸化炭素（炭酸ガス）	1.98g

考察

カリウムを使って分解を行う

二酸化炭素は炭素と酸素に分解できる？

酸素の中に炭素が溶け込んでも最初の体積のまま変わらない

炭素と酸素が結びついて二酸化炭素（炭酸ガス）になることを明確にするため、ファラデーは木炭を使った実験を行います。

「細かく砕いた木炭（木材を蒸し焼きにして炭化したもので、ほとんど炭素で構成されている）を熱したるつぼに落としたところ、赤くなりました。それを酸素の入った容器の中に入れると、明るく燃えました。遠くから見ると炎を上げて燃えているようにも見えますが、実際は炎は出ていません。小さな炭の粒がひとつずつ燃え、さらに酸素と結びつくことで、二酸化炭素を発生させているのです」

続いて、小さな塊の木炭を燃やしましたが、こちらも木炭が赤くなりましたが、炎を上げて激しく燃えるようなことはありません。どちらかといえば静かに燃えます。

しかし、**酸素があるかぎり木炭は燃え続けるので、最終的には何も残らなくなり、気体となった二酸化炭素だけが残ります**。

そして不思議なことに、酸素と炭素が化合しても体積は変わりません。最初の体積はそのままで、酸素がただ

二酸化炭素と体積の関係

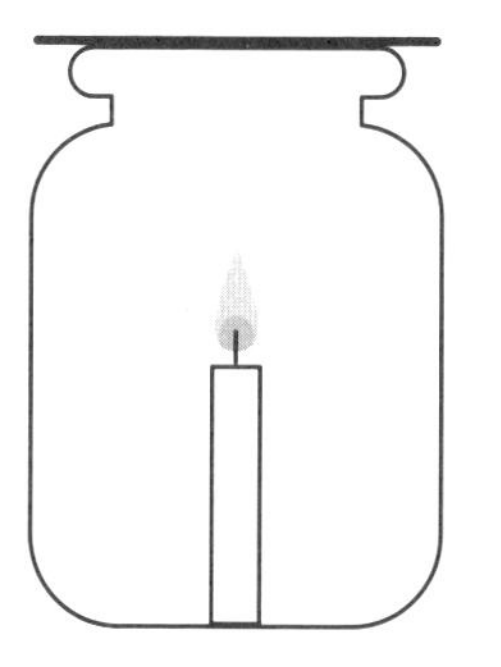

酸素がなくなるまで
ロウソクを燃やす

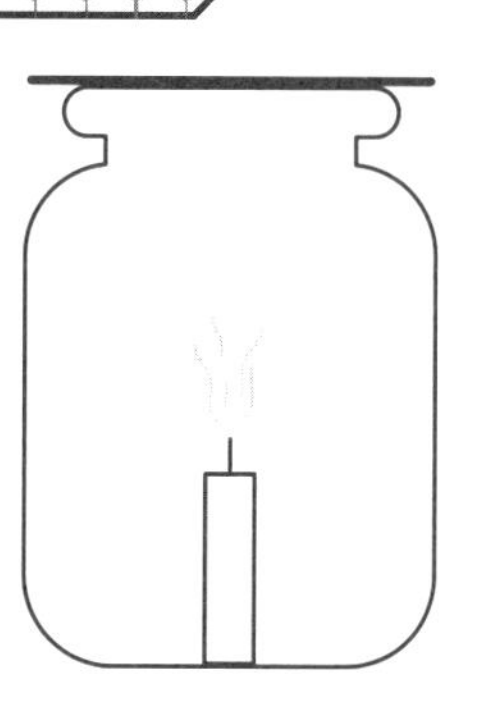

ビン内の気体の体積割合
窒素78% 酸素21% 二酸化炭素など1%

ビン内の気体の体積割合
窒素78% 酸素0% 二酸化炭素など22%

計22%　　計22%

炭素の燃焼に使われる酸素と、そこから生じる二酸化炭素の体積は変わらない

二酸化炭素になります。

ちなみに、水は水素と酸素に分解することができましたが、二酸化炭素も酸素と炭素に分けることができます。水を分解する実験では、ファラデーはカリウムを用いましたが、この物質は二酸化炭素を分解するときにも働きます。カリウムを空気中で発火させて二酸化炭素が入った容器内に入れたところ、空気中ほどではありませんが化合した酸素が含まれているので、二酸化炭素の中でも燃焼します。

こうして、燃焼によって二酸化炭素の中の酸素を奪い取ります。そして、燃えた後のカリウムを水の中に入れると黒い粉末が出てきますが、これが二酸化炭素から取り出せた炭素です。この実験によって、**二酸化炭素が炭素と酸素の化合物であることを**、改めて証明することができます。

まとめ

カリウムを使って二酸化炭素を分解することで、炭素と酸素の化合物であることが証明できる。

考察

燃焼後はほとんど何も残らない 炭素は私たちの暮らしにどれぐらい欠かせないものか？

燃料として非常に使い勝手が良い炭素系素材

　炭素は固体のまま燃えて、気体になって飛び去っていきます。しかし、このような燃え方をする燃料は、木炭や石炭、木材など、ごくわずかしかありません。ファラデーも、「このような燃え方をする物質は、私は炭素以外には知りません」と述べています。

　仮に炭素がこのような燃え方をしなかったら、私たちの暮らしはどのようなものになるのでしょうか？　例えば、蒸気機関や薪（まき）ストーブの燃料が鉄のように残ったら、燃焼後に毎回燃えたものを取り出さなければなりません。これは非常に面倒です。また、鉛も粉の状態なら勢いよく燃えますが、燃焼後の鉛は燃焼前の鉛にくっついてしまいます。そうなると空気に触れることができなくなり、やがて燃えなくなります。

　これに対し、**木炭や石炭、木材といった炭素系の燃料は、燃焼後は消失するか、わずかな灰が残るだけです。放出するのは、酸素と反応して生じた二酸化炭素（炭酸ガス）だけなので、非常に使い勝手が良いです。**こうした炭素系の素材が燃料として用いられているのも、うなずける話です。

使い勝手が良い炭素系素材

炭素系素材は燃焼すると気体となり、燃焼後はほとんど残りません。そのため、燃焼後も固体を残してしまう鉛や鉄よりも、木炭や石炭、木材といった炭素系素材のほうが、燃料として適しているといえます。

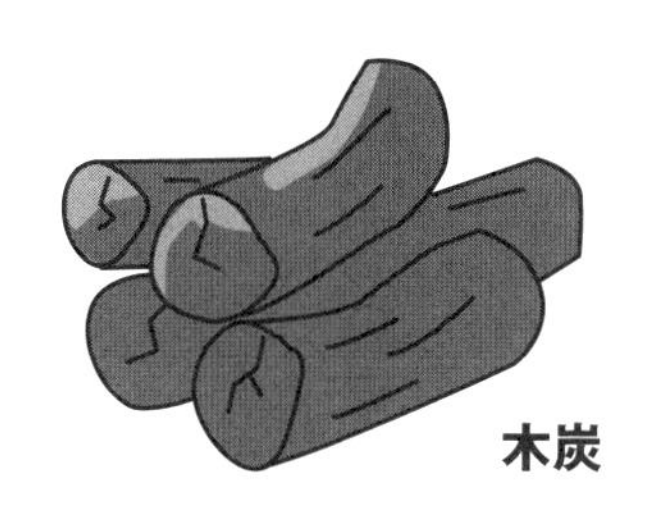

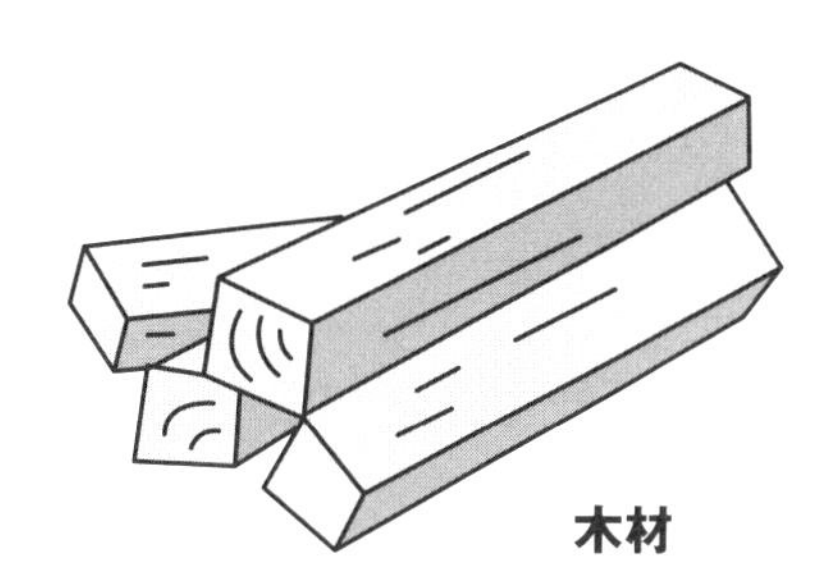

燃焼後に固体が残らない炭素

炭素（木炭、石炭、木材など）	鉛	鉄
空気中で燃えやすい	粉だと空気中で燃えやすくなる	空気中だと細かくしたものが燃えやすい
↓ 燃焼	↓ 燃焼	↓ 燃焼
二酸化炭素（炭酸ガス）が発生し、わずかな灰しか残らない	固体の灰（一酸化鉛）が残る	固体の黒さび（酸化鉄）が残る

考察

酸素を吸って二酸化炭素を吐く呼吸行動

人間の体内ではロウソクの燃焼に似た作用が起きている？

2本のガラス管を使って呼吸と燃料の関係を示す

ファラデーは、「**私たちの体内では、ロウソクの燃焼に似た作用が起きている**」と述べています。これは一体どういうことなのか？　ファラデーはガラス管を左右に置いた板の装置を使って、それを明らかにします（実験①）。

「2つのガラス管の間にはトンネルがあって、AとBの間を空気が自由に通り抜けるようになっています。Bのガラス管に火をつけたロウソクを立て、Aから息を吸い込み、吐き出したら、Bに入っていたロウソクの火が消えてしまいました。これは、呼吸によって空気の中にあった酸素を吸い、二酸化炭素（炭酸ガス）が排出されたことで生じたものです」

空気の中にある酸素を吸うことで燃やすための酸素がなくなり、ロウソクの火は消えてしまったのです。

また、ファラデーは新鮮な空気を入れたビンを用意し、中の空気を吸って、吐き出す実験も行います（実験②）。その後に火をつけたロウソクを入れたところ、火は消えてしまいました。たった1回の呼吸でも、ロウソクの火が消えてしまうほど酸素を取り込み、二酸化炭素を吐き出していたのです。

人間の呼吸とロウソクの燃焼の関係

実験1 2本のガラス管を使って検証

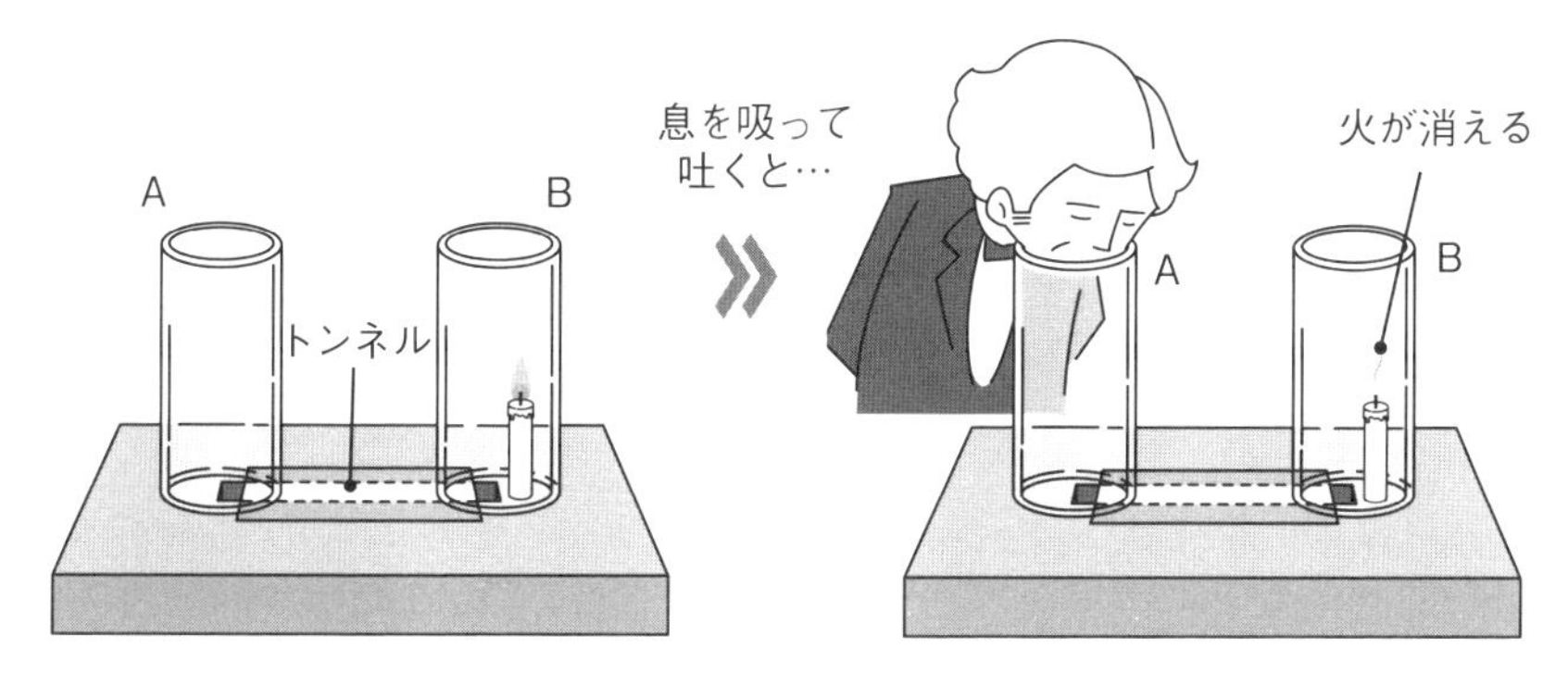

2本のガラス管をトンネルでつなげることで、全体をひとつにつなげることができます。Aのガラス管から空気を吸って燃焼のための酸素を吸い取り、二酸化炭素を吐き出すことで、Bに立てたロウソクの火が消えます。

実験2 ガラス容器とストローを使って検証

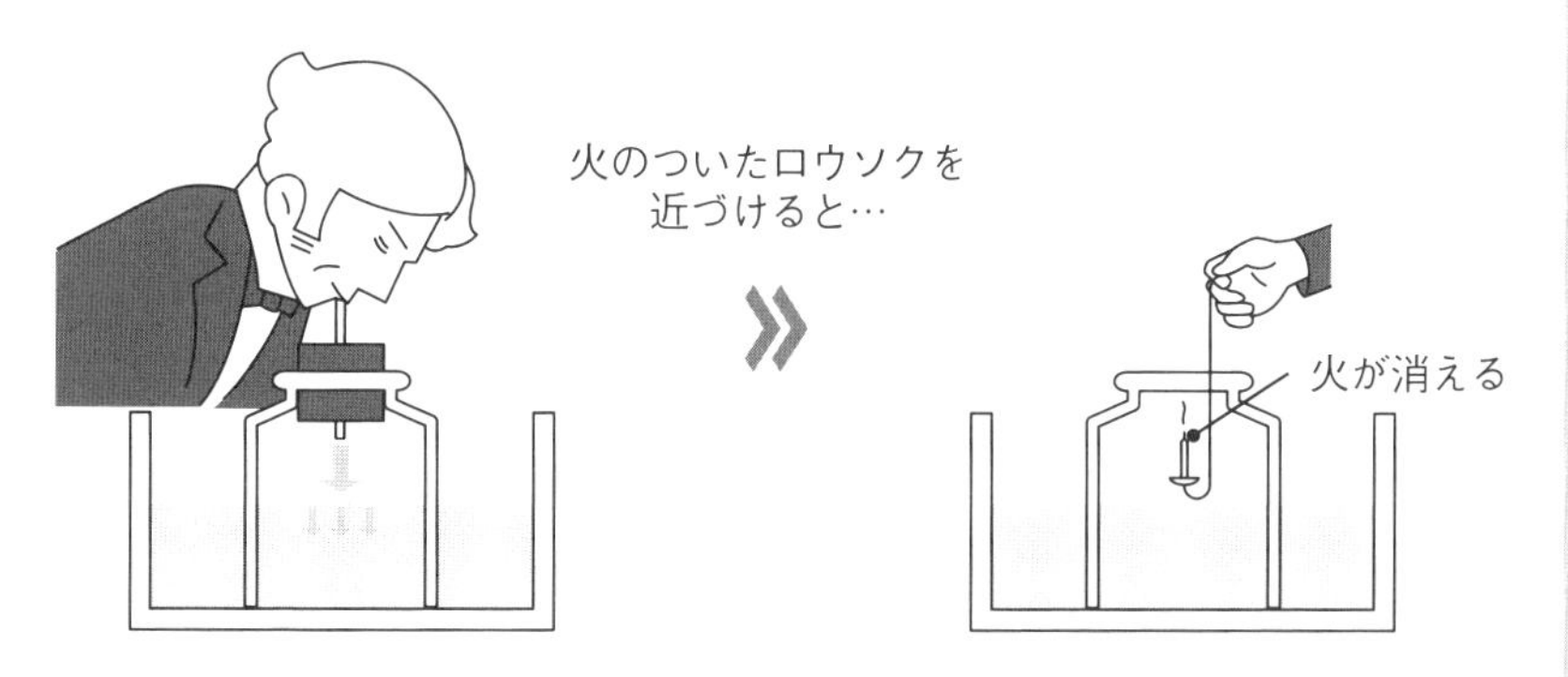

底の空いたガラス容器が入った水槽に水を注ぎ、管のついたコルク栓をキツく閉めます。管を通して空気を吸い込み、吐いて元に戻します。そして、ガラス容器の中に火のついたロウソクを入れると、火は消えてしまいました。

考察

昼も夜も絶え間なく行う呼吸
人間にとって呼吸はどれくらい大事なのか？

肺に入った酸素は炭素と結びついて二酸化炭素になる

私たちが吐き出す空気に二酸化炭素（炭酸ガス）が含まれていることは、左ページの石灰水を使った実験でも証明できます。**酸素を取り込み、二酸化炭素を放出する呼吸の過程は昼も夜も行われ、人間が生きていくうえで必ずしなければならない**のです。

ロウソクは空気中の酸素と化合して二酸化炭素を生成し、熱も作り出します。人間もこれと同じで、肺に入った酸素は炭素と結びついて二酸化炭素になり、体外へ放出されます。そして、ファラデーは砂糖を使って、呼吸によって起こる現象を再現しています。

「炭素、水素、酸素の化合物である砂糖に硫酸をかけると、硫酸が水（水素＋酸素）を奪い、黒い塊になった炭素が残ります。しかも、脱水時に発熱するので煙も生じます。そして、炭化した砂糖に酸化剤を混ぜると、炭素は二酸化炭素になって空気の中に消えました。これは、私たちの肺の中で起こっていることと同じなのです」

私たちの身の回りにはさまざまな物質が存在しますが、その中に炭素、水素、酸素があって、つねに深く関わり合っているのです。

石灰水で呼吸の成分を確認する

栓には2本のストローがついており、1本の先は石灰水に浸かっていて、もう1本は浸かっていません。石灰水中に浸かっていない側から息を吹き込んでも変化はありませんが、石灰水中に浸かっている側から息を吹き込むと、石灰水が白く濁っていきます。これにより、私たちが吐く空気に二酸化炭素が含まれていることが確認できます。

呼吸のしくみ

口や鼻から入った空気は気管を通って肺に入り、空気中の酸素を血液の中に取り入れ、不要な二酸化炭素を放出します。人にもよりますが、人間は1回の呼吸で約0.5ℓの空気を吸い、1日に約3万回も呼吸しています。

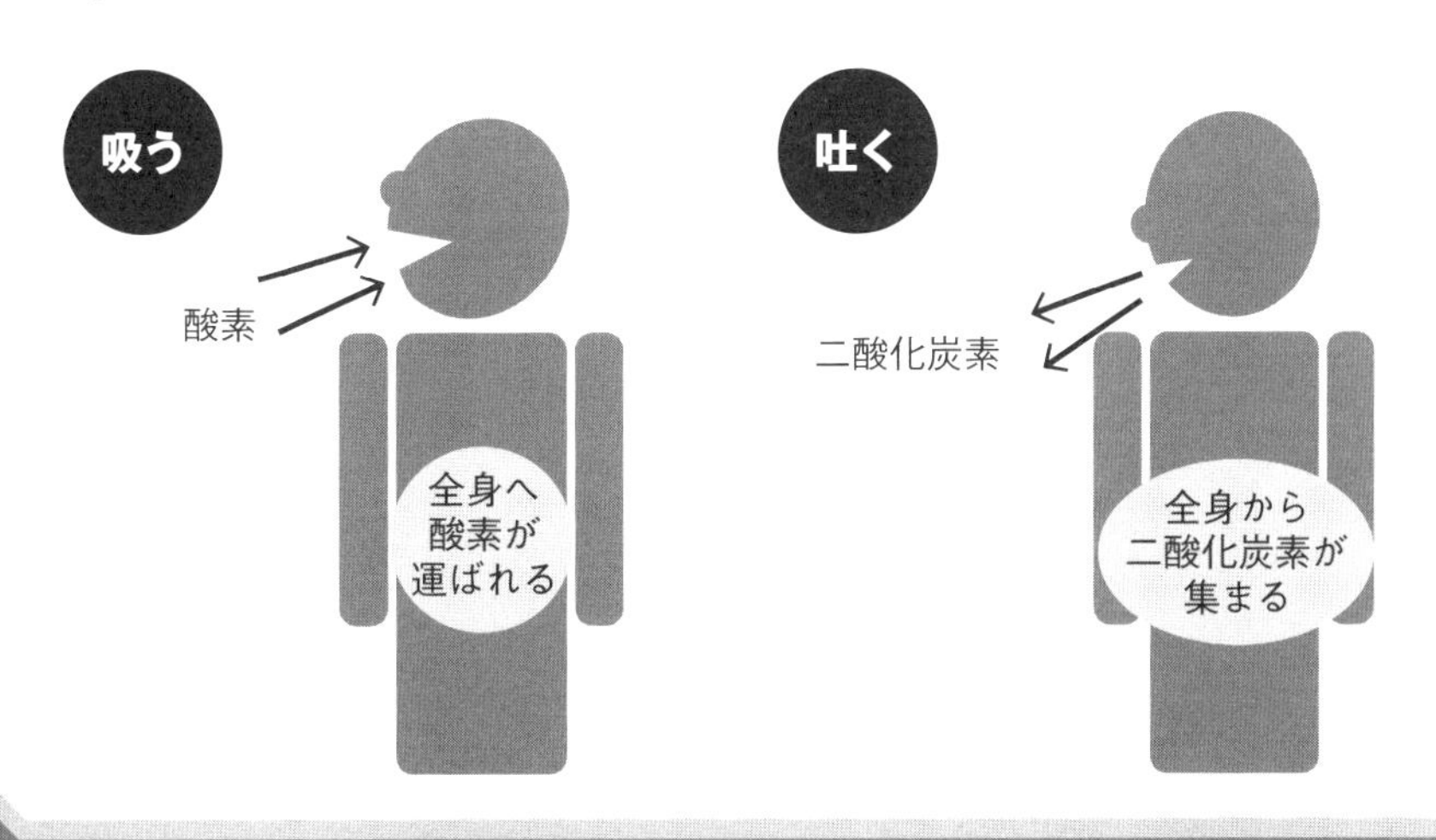

考察

ロウソクのような光り輝く存在に ファラデーは講演を通して何を伝えたかったのか？

すべての「反応」は化学親和力によって起こる

ロウソクの燃焼で起きていることと、人間の呼吸によって起きていることは同じだということがわかりましたが、ファラデーはこう述べます。

「ロンドンでは、住民の呼吸だけで24時間中に約2500トンの二酸化炭素が作られます（当時のロンドンの人口は約230万人）。これらは、すべて空気中に立ちのぼります。仮に炭素が、鉛や鉄のように燃えた後に固体の物質が生じるものだったら、燃焼は続きません。しかし、燃えた炭素は気体に変わって大気に混ざります。大気は炭素を遠くへ運んでくれる、偉大な乗り物、偉大な運搬者なのです」

一方で、**植物は二酸化炭素という形で吐き出された炭素を吸収し、酸素を作り出す光合成を行います。これにより、大気中に放出された二酸化炭素は、再び植物が生きていくためのエネルギーとなります。**

そして講演の最後を、ファラデーは次のように締めています。

「ロウソクを燃やすときには、異なる物質同士が反応して化合物を作り出す『化学親和力』が働いています。これ

光合成で酸素を作る植物

光合成の化学式

地球で育つすべての植物は、二酸化炭素を吸収しています。そして、葉緑体の中で酸素を作り出しています。

$$6CO_2 + 6H_2O$$

二酸化炭素　水

$$\rightarrow C_6H_{12}O_6 + 6O_2$$

ブドウ糖　酸素

までお見せしたすべての反応は、化学親和力によって起きたものです。

人間も、肺の中に空気が入り込むと炭素と酸素がすぐに化合します。そして、呼吸によって二酸化炭素が生じます。すべてのものが目的にかなって、適切に進行していくのです。こういうわけで、呼吸と燃焼の間の類似が、ますます見事で驚くべきものであるということが、わかっていただけたと思います。

この講演の終わりに際して、私から皆さんに申し上げられることのすべては、**皆さんが皆さんの時代が来たときに、1本のロウソクに例えられるのにふさわしい人になっていただきたいということです。**皆さんのあらゆる活動が高潔で役に立つものとなり、皆さんの存在が、周りの人たちにとってロウソクのような光り輝くものになることを願っております」

まとめ

ファラデーは、「1本のロウソクに例えられるのにふさわしい人になってほしい」と願っている。

ドライアイスでシャボン玉を浮かべる

二酸化炭素（炭酸ガス）は空気より重いので、ドライアイス（二酸化炭素の固体）を入れた容器にシャボン玉を落としても、しばらく浮き続けます。

用意するもの

ドライアイス、容器、シャボン玉セット、厚手の手袋、湯

ドライアイスは二酸化炭素（炭酸ガス）が固体になった物質で、非常に低温です。素手で触ると凍傷を起こすので、必ず手袋を着用してください。

手順

1 ドライアイスを用意する

容器の中にドライアイスを敷き詰めます。ドライアイスはそのままでも、かなづちなどで割っても構いません。必ず厚手の手袋を使って作業しましょう。

2 容器にドライアイスと水を入れる

ドライアイスに湯をかけると、白い煙が発生します。そして、容器の下にはドライアイスから発生した炭酸ガスがたまります。

3 シャボン玉を吹く

空気が入ったシャボン玉は二酸化炭素よりも軽いので、シャボン玉は浮いた状態になります。

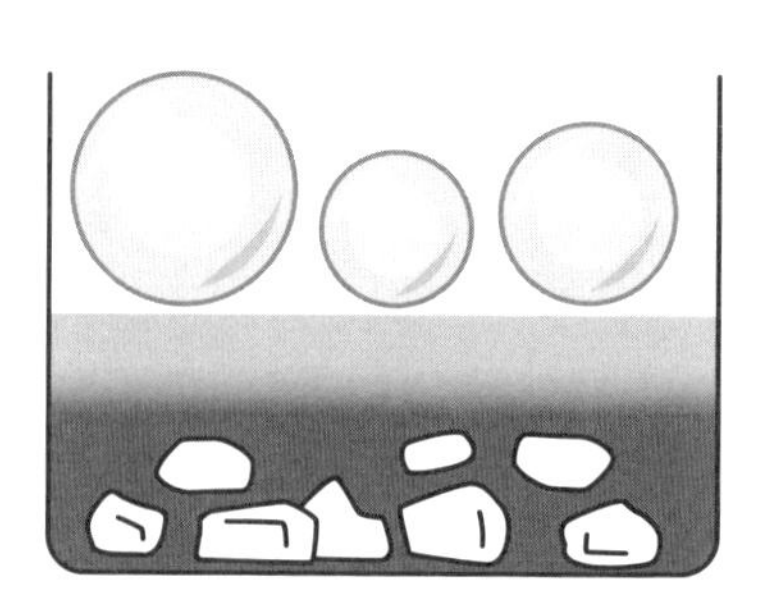

あとがき

たった1本の光るロウソクの中に、たくさんの科学現象が詰まっていることを知ることができたと思います。

私がこの『ロウソクの科学』に出会った中学生の頃、図版も少ないこの本は、まだあまり内容が理解できませんでした。大学生の頃、教授にオススメ本として紹介されましたが、文章だけでは実験がすべて理解できませんでした。今回は内容もわかりやすく、図版も多く使用し、できる限り実験を想像できるように作り上げましたが、いかがだったでしょうか?

今ではインターネットの映像分野が急速に発達し、文章だけでは理解できない実験も、調べればすぐに映像で見ることができる素晴らしい時代になりました。興味を持った方は、ぜひいろいろと調べてみてください。

2020年から5Gも始まり、すぐに現在の100倍以上の情報量を手に入れることができるようになるでしょう。空間ごと転送して、あたかも自分がファラデーの「クリスマス・レクチャー」を受けているような体験をすることができる日も、すぐに訪れるでしょう。

皆さんが、この急激な科学の発展のスピードについてこられるかどうかは、興味を持って物事を見ることができるかにかかっていると思います。

『ロウソクの科学』を読んでロウソクに興味を持ち、科学に興味を持つことができたら、ぜひいろいろな体験をしていってもらえればと思います。

これから先の時代は、科学について多くのことを知って「できる」と考えて挑戦する人間と、何も知らずに「何となく」やっている人間では、大きな差が出てくると思います。

私も今から約10年前、この『ロウソクの科学』の中にある「瓶に水を入れて凍らせると割れるという実験を、でんじろう先生と行いました。そして、そこで「できる」と信じてやり続けることが一番大切だと知りました。私は硬いガラス瓶が割れるとはまったく信じておらず、いくらやってもできませんでした。しかし、でんじろう先生はできることを知っていたので、瓶の形状、ボトルの口からの水の漏れ具合などを調整し、簡単に瓶を割ったのでした。

それは、「できる」のだからどうしたらできるのかを科学的に考えて挑戦した場合と、「できないだろう」と決めつけ、特にゴールを考えずに何となくやっていることの違いでした。

私はYouTuberの水溜りボンドさんと数多くの実験を行ってきましたが、一番好きなのは、「iPhoneをリンゴで充電する」動画です。カンタ君の「iPhone」と「Apple」をかけたユニークなアイデアと、私がどうにかすれば可能性があるかもしれないと、持てる知識を最大限に使って成功させた実験でした。あの実験は、後にも先にも2回目は難しいと思います。

というのも、結果的にはリンゴでiPhoneを充電させることに成功したのですが、その後発売された新型のもので実験したところ、全然できなかったからです。最新のiPhoneはより精密な構造になっており、単に電気を作り出して入力するだけでは充電できないものになっていたのです。

あのときだからできた。今しかできないこともあります。

世界はものすごいスピードで複雑さを増していっています。ロウソクは単純だけど、その中に無数の科学が存在していることがわかったと思います。これを機会に、さまざまなことに興味を持って、今しかできないことに挑戦していってもらえたらうれしいです。

そして、私には小さい頃から大切にしている考え方が2つあります。1つ目は、「今やらなくていつやるの?」。2つ目が、「人生楽しんだもの勝ち」です。一度きりの自分の人生なのだから、好きなものを見つけて最大限楽しみ、今しかできないことを今やっていきましょう!人生なるようになる!

ロウソクひとつとっても、科学が大量に詰まった物質だとわかったことでしょう。そう、世界はすべてが科学でできているのです。この本をワクワクして楽しめた皆さんは、きっとこれからの未来も、ワクワクして前に進めることでしょう。そして、まだ説明できていない現象も、そのうち科学で説明できるようになるでしょう。ワクワクした気持ちを大切に、好奇心を持って、これからの未来の科学を楽しんでもらえたらと思います。それは皆さんが皆さんの時代が来たときに、ロウソクのように輝ける武器になります。

2019年11月吉日　市岡元気

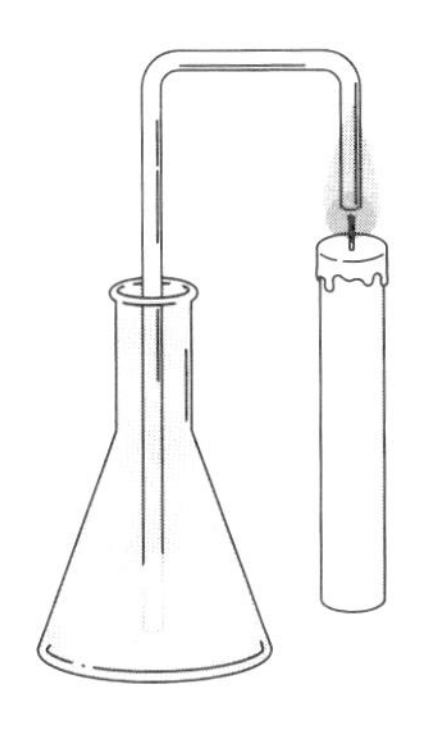

元素周期表

								2 He ヘリウム 4.003
			5 B ホウ素 10.81	6 C 炭素 12.01	7 N 窒素 14.01	8 O 酸素 16.00	9 F フッ素 19.00	10 Ne ネオン 20.18
			13 Al アルミニウム 26.98	14 Si ケイ素 28.09	15 P リン 30.97	16 S 硫黄 32.07	17 Cl 塩素 35.45	18 Ar アルゴン 39.95
28 Ni ニッケル 58.69	29 Cu 銅 63.55	30 Zn 亜鉛 65.38	31 Ga ガリウム 69.72	32 Ge ゲルマニウム 72.63	33 As ヒ素 74.92	34 Se セレン 78.97	35 Br 臭素 79.90	36 Kr クリプトン 83.80
46 Pd パラジウム 106.4	47 Ag 銀 107.9	48 Cd カドミウム 112.4	49 In インジウム 114.8	50 Sn スズ 118.7	51 Sb アンチモン 121.8	52 Te テルル 127.6	53 I ヨウ素 126.9	54 Xe キセノン 131.3
78 Pt 白金 195.1	79 Au 金 197.0	80 Hg 水銀 200.6	81 Tl タリウム 204.4	82 Pb 鉛 207.2	83 Bi ビスマス 209.0	84 Po ポロニウム (210)	85 At アスタチン (210)	86 Rn ラドン (222)
110 Ds ダームスタチウム (281)	111 Rg レントゲニウム (280)	112 Cn コペルニシウム (285)	113 Nh ニホニウム (278)	114 Fl フレロビウム (289)	115 Mc モスコビウム (289)	116 Lv リバモリウム (293)	117 Ts テネシン (293)	118 Og オガネソン (294)

CHECK!

周期表は1869年、ロシアの化学者ドミトリ・メンデレーエフによって提案されました。その後、新しく発見された元素も追加され、113番元素は「ニホニウム (Nh)」と命名されています。

1 **H** 水素 1.008								
3 **Li** リチウム 6.941	4 **Be** ベリリウム 9.012							
11 **Na** ナトリウム 22.99	12 **Mg** マグネシウム 24.31							
19 **K** カリウム 39.10	20 **Ca** カルシウム 40.08	21 **Sc** スカンジウム 44.96	22 **Ti** チタン 47.87	23 **V** バナジウム 50.94	24 **Cr** クロム 52.00	25 **Mn** マンガン 54.94	26 **Fe** 鉄 55.85	27 **Co** コバルト 58.93
37 **Rb** ルビジウム 85.47	38 **Sr** ストロンチウム 87.62	39 **Y** イットリウム 88.91	40 **Zr** ジルコニウム 91.22	41 **Nb** ニオブ 92.91	42 **Mo** モリブデン 95.95	43 **Tc** テクネチウム (99)	44 **Ru** ルテニウム 101.1	45 **Rh** ロジウム 102.9
55 **Cs** セシウム 132.9	56 **Ba** バリウム 137.3	57 ~ 71 ランタノイド	72 **Hf** ハフニウム 178.5	73 **Ta** タンタル 180.9	74 **W** タングステン 183.8	75 **Re** レニウム 186.2	76 **Os** オスミウム 190.2	77 **Ir** イリジウム 192.2
87 **Fr** フランシウム (223)	88 **Ra** ラジウム (226)	89 ~ 103 アクチノイド	104 **Rf** ラザホージウム (267)	105 **Db** ドブニウム (268)	106 **Sg** シーボギウム (271)	107 **Bh** ボーリウム (272)	108 **Hs** ハッシウム (277)	109 **Mt** マイトネリウム (276)

元素の見方

①原子番号

②元素記号

③元素名

④原子量

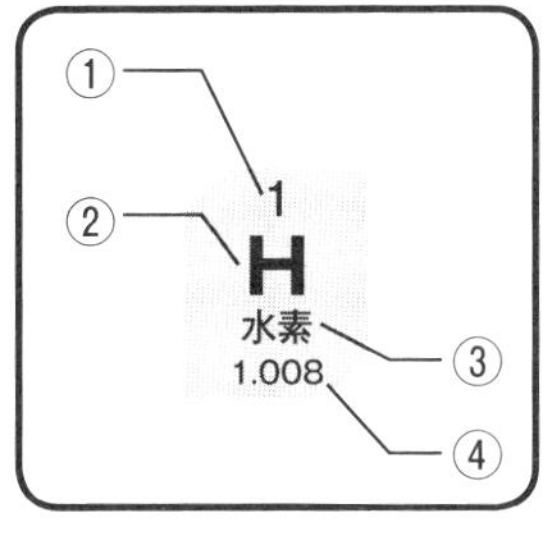

※文部科学省「一家に 1 枚元素周期表(第 11 版)」より作成

市岡元気
いちおか・げんき

サイエンスアーティスト。東京学芸大学教育学部初等教育教員養成課程理科選修を卒業後、2006年から米村でんじろうの弟子として活動。2019年9月に独立。数々のサイエンスショー、実験教室を全国各地で開催。テレビのバラエティ番組などでは実験の監修を、YouTubeでは水溜りボンドやすしらーめん《りく》、まふまふなどの実験協力を行う。科学の面白さを多くの方に知ってもらう活動を、ジャンルを問わず幅広く展開している。

装丁　bookwall
カバーイラスト　羽賀翔一
デザイン　徳本育民
イラスト　ちしまこうのすけ
構成・編集　石黒太郎（スタジオダンク）、常井宏平
編集長　田村真義
編集　田中早紀

参考文献
『ロウソクの科学』ファラデー著、竹内敬人訳、岩波書店
『ロウソクの科学』ファラデー著、三石巌訳、KADOKAWA
『「ロウソクの科学」が教えてくれること』尾嶋好美編訳、白川英樹監修、SBクリエイティブ
『ロウソクの科学 世界一の先生が教える超おもしろい理科』ファラデー原作、平野累次／冒険企画室・文、上地優歩・絵、KADOKAWA
『ろうそく物語』マイケル・ファラデー著、白井俊明訳、法政大学出版局
『19世紀科学史の時代区分とその歴史的位置』謝世輝
『空気の発見』三宅泰雄、KADOKAWA
『わたしもファラデーーたのしい科学の発見物語』板倉聖宣、仮説社
『社会人のための世界史』東京法令出版
『ガリレオ工房の身近な道具で大実験 第2集』滝川洋二・吉村利明、大月書店

面白いほど科学的な物の見方が身につく
図解 ロウソクの科学

2019年12月23日　第1刷発行

監　修　市岡元気
発行人　蓮見清一
発行所　株式会社宝島社
〒102-8388　東京都千代田区一番町25番地
電話：営業　03-3234-4621
編集　03-3239-0926
https://tkj.jp
印刷・製本 サンケイ総合印刷株式会社

ISBN 978-4-299-00094-1